ITエンジニアの

やさしい法律Q&A

モノリス法律事務所
河瀬 季 著

技術評論社

はじめに＿

本書の執筆中、不利な条件での契約書にサインしてしまったために、システム開発の受託で貰えるはずだった数百万円の報酬の支払を受けられず、かえって数千万円の損害賠償請求を受けてしまった、という個人エンジニアからの相談を受けました。

エンジニアにとって法律は、なかなか「身近」に感じられるものではないかもしれません。しかし、会社に所属している場合でも、自分が関わるシステム開発は、契約や要件定義の段階から開発途中、納品や検収といったプロセスまでが「請負」「準委任」といった法律によって規律されているものですし、その中で登場するアルゴリズムやソースコード、ライブラリや画像素材などは、「著作権法」といった法律や「GPL」「クリエイティブ・コモンズ・ライセンス」といったライセンスシステムが深く関わる代物です。

また、従業員と会社の関係は、いわゆる労働法に規律されるものであり、特にITは、SESや副業、フリーランスなど、変則的な働き方が導入されやすい業界でもあります。エンジニアとして働いていく場合、とりわけ、いずれ上流工程にも関わりたいと思う場合や、フリーランスや副業などの形で個人としても働きたいと思う場合、法律に関する一定の知識は、自分の身を守るという意味でも必要不可欠となってくるのです。

このようなエンジニアと法律の関係について、私は次のようにも考えています。エンジニアは法律を理解するための素養を持っている方が実は多いのではないか、ということです。

なぜならば、法律とは現実世界で発生する様々な事象について、「こうした場合はこのような効果が発生する」というようなアルゴリズムを規律するものであり、例えば契約書とは、自然言語で記載されたプログラムに他ならないからです。アルゴリズムを理解し、ソースコードを読み解き、想定外動作の発生し得る行を書き換える、という作業は、正にエンジニアが日々行っている業務であるはずです。法律も、一度基本的な考え方や言語仕様を理解すれば、例えば「この契約書のこの条項は非常に危ないかもしれない」といった勘所が分かるようになってくるはずです。

実際私は、20代をITエンジニア等として過ごした後、20代後半にゼロから法律を勉強し弁護士になりましたが、その際に感じていたのは、正に上記のような、プログラミングと法律の類似性でした。本書では、「プログラム」というものに日常的に触れているエンジニアの皆様が、エンジニアとして活動していくにあたって知っておくべき法律について、そのアルゴリズムや言語仕様などを理解しやすいよう、解説します。

民法や著作権法、特許法など、ITエンジニア自身が知っておくべき法律は多くあります。たとえば、ソースコードやソフトウェアを取り扱う際には、著作権の問題が出てきます。また、エンジニアとして働く前提として、契約形態や労働形態について知っておく必要があります。当然、システム開発などをする上で、エンジニアがどういった義務やリスクを負う可能性があるのかという点も重要でしょう。

こうした法律に関することを知らないまま仕事を進めていると、知らないうちに法律違反をしていたり、不利な契約を結んでしまったりと、思わぬ落とし穴にはまってしまうかもしれないのです。

そういった事態に陥ることを避けるには、何よりもまず、ITエンジニアにとって身近なトラブルや起こり得る法律問題について知るということが必要です。本書では、その取っ掛かりとなるよう、法律トラブルを回避するためにエンジニアが最低限知っておくべき法律知識について、取り扱っていきます。

冒頭で紹介した事例ですが、不利な条件での契約書にサインをしてしまうと、事後的に弁護士による交渉等によって挽回できる範囲には、どうしても限界があります。法律に関する知識は、トラブルになった後ではなく、トラブルになる前、例えば、受託の話がクライアントと平和的に進んでいる時にこそ、必要なのです。

本書が、将来のトラブル予防の一助となれば幸いです。

目次

アイコンについて

Q 1-1

エンジニアに著作権って関係ないよね?

あまり気にしたことはなかったけど、エンジニアに著作権って関係ある? 著作権について知らないと、何か困ることってあるのかな……。

「Q」に付いているアイコンは左からそれぞれ、そのトピックが「元請け企業のエンジニア」「下請け企業のエンジニア」「フリーランスのエンジニア」に比較的強い関連があることを示しています。「元請け」と「下請け」の違いがわからない方は、「Q 2-14 元請けと下請けの違いは何? 下請けに出すときの注意点ってある?」を参照してください。

第2章 開発契約の落とし穴 073

●本書をお読みになる前に

本書に記載された内容は、情報の提供のみを目的としています。したがって、本書を用いた運用は、必ずお客様自身の責任と判断によっておこなってください。これらの情報の運用の結果について、技術評論社および著者はいかなる責任も負いません。
また本書記載の情報は、2020年9月現在のものを掲載していますので、ご利用時には変更されている場合もあります。
以上の注意事項をご承諾いただいた上で、本書をご利用願います。これらの注意事項をお読みいただかずに、お問い合わせいただいても、技術評論社および著者は対処しかねます。あらかじめ、ご承知おきください。

第1章

著作権の落とし穴

本書は著作権についてのトピックから始まるわけですが、
「そもそも著作権なんて IT エンジニアに関係あるの？」というのは
当然の疑問かもしれません。
しかし日常業務ではあまり意識しないからこそ、
思わぬところに潜んでいる著作権のトラブルは、
IT エンジニアにとってのまさに「落とし穴」となりうるのです……。

Q 1-1

エンジニアに著作権って関係ないよね？

あまり気にしたことはなかったけど、エンジニアに著作権って関係ある？
著作権について知らないと、何か困ることってあるのかな……。

A

自分とは関係無いと思ってしまいがちですが、しかし実際は、ITエンジニアの仕事は著作権とは切っても切れない関係にあります。誰かの著作権を侵害してしまった場合には、コンテンツの公開停止や損害賠償を請求される事態に発展する可能性もあります。そういったリスクを避けるためには、著作権についての理解が必要です。

エンジニアも著作権の問題は避けられない

企業に在籍しているエンジニアであれば、社内に法務担当者がいるかもしれませんが、それでも法律と無関係ではいられないものです。なぜなら、エンジニア自身が自分の仕事の中で法的な問題と直接関わることも少なくないからです。

例えば、使用するツールやサービスの高機能化に伴い、無償で多くのコードに触れる機会は増えているはずです。また、自作サービスのフレームワークなどに、オープンソースソフトウェア（OSS）を利用したいという方もいるでしょう。そういったときに、著作権の問題はついてまわります。

また、フリーランスのエンジニアの場合も、受託開発契約書で確認する著作権上のポイントを押さえておけば、自分に不利な契約を避けられるでしょう。そういう意味で、著作権についてはエンジニア自身がしっかりと理解しておく必要があります。

著作権を侵害すればこんなことにも……

著作権に関して認識しておきたいのは、著作物の作者が「これは著作権侵害だ」と判断した場合、著作権侵害コンテンツの公開を停止されるリスクがあることです。また、著作権を侵害した側がそれによって利益を得ていた場合には、利益額の損害賠償も考えられます。

実際にあった紛争としては、株式会社DeNAが提供していた携帯電話向け釣りゲームが、グリー株式会社の提供する釣りゲームの著作権を侵害するとして、グリーが提訴した事案などがあります。グリーはDeNAのゲーム配信の差し止めや、9億円以上の損害賠償を求める訴えを提起しました。これに対して東京地方裁判所はグリーの訴えを認め、ゲームの配信の差し止めと、2億円以上の損害賠償を命ずる判決が出ました 側注1 。この紛争については、その後DeNAが控訴したため、結果として、差し止めと賠償を命じた一審判決は取り消され、請求が棄却されています 側注2 。しかし、もし一審の判断が覆らなかった場合には、億単位の多大な損害賠償が生じていたわけです。

また、著作権を侵害してしまった側としては、著作権侵害コンテンツの公開停止という最悪の事態を避けたいところであり、その心理を利用するような形で世間の相場とは無関係な莫大な金銭が要求される可能性もあります。例えば、他人のソースコードをコピーして制作したアプリで1,000万円儲けているとします。そのソースコードの作者は、もしかしたら「1,000万円儲かっているそのアプリを停止しないであげる代わりに700万円払ってほしい」と圧力をかけてくるかもしれません。それでもアプリの停止を避けたければ、相手の要求に応じざるを得ない、ということです。

こういったリスクを避けるために重要なのは、著作権というものを理解し、自分が誰かの著作権を侵害していないか、常に意識するということです。逆に、著作権についてよく知らないために、本来なら自分にあるはずの権利を行使せずに眠らせてしまう可能性もあり得ます。そういった意味でも、ITエンジニアにとって著作権は決して無関係なものではないのです。

側注 1

東京地裁
平成24年2月23日判決

側注 2

知財高裁
平成24年8月8日判決

エンジニアが知っておくべき知識とは？

　このように、エンジニアも著作権について理解を深めることが必要です。しかし、エンジニアにとって専門外といえる法律について、そこまで詳細に勉強してはいられないのも事実です。

　例えば、著作権法で保護されている権利は、代表的なものを挙げただけでもこれだけあります。

著作権法で保護されている代表的な権利

複製権（第21条）	作品を模写、録画・録音、印刷するなど、「複製」する権利
公衆送信権等（第23条）	放送、有線放送、インターネットによって、著作物を公衆向けに「送信」することに関する権利
翻訳権・翻案権（第27条）	著作物を翻訳し、その翻訳を公表する権利
	著作物の映画化、アニメ化など、元の著作物の特徴を生かしつつ別の表現形態に変えたり、著作物の編曲、プログラムの改変など、原作の一部を変更して別の作品を創作したりする権利
同一性保持権（第20条）	自分の著作物の内容または題号を自分の意に反して勝手に改変されない権利

　そこで本書では、現場のエンジニアが最低限身に付けておきたいものに絞って、著作権をめぐってどんなトラブルが起こりうるのか、それを防ぐためには何を理解しておけばいいのか、という部分について触れていきます。

　これから取り上げるトピックは、エンジニアにとってまさに思わぬ「落とし穴」となる可能性があるものばかりです。今までトラブルになったことはないからと油断せず、これから起こりうる紛争を未然に防ぐために、しっかりと理解を深めておきましょう。

コラム

法令用語の難しさ　よく出てくる接続詞のルール

法律の条文や契約書を読んでいると、細かい用語の使い分けや読み方が難しい接続詞が出てくる場合があります。法令用語においては、読み手によって文書の読み方が変わることがないように、厳密なルールに則って整理されているのです。重要なものを例として挙げると、いわゆる「and」「or」を意味する、「及び」「並びに」や「又は」「若しくは」の使い分けがあります。

「及び」と「並びに」

この2つは、「AとB」などの複数の物事を並べて述べる場合に使う接続詞です。「及び」は、この複数の物事を同じレベルや種類の物事を並べて述べる場合に、「A及びB」「A、B、C及びD」といった形で使われます。これに対し、「並びに」は、異なるレベルや種類の物事を並べる場合に使います。法令用語としての「並びに」は単独では使用しない言葉であり、「及び」と併用する場合にのみ使われます。「(A&B)&(C&D)」が「A及びB並びにC及びD」となります。

「又は」と「若しくは」

「又は」と「若しくは」は、複数の物事のどちらか一方を意味する言葉として使う接続詞です。「又は」は、2つ以上の物事のうち、一つを選択する場合に使います。「若しくは」は、「又は」と同様に、並べて述べた物事のうち、いずれかを選ぶ場合に使用しますが、法令用語としては、「又は」より小さい括りを繋ぐ言葉として使われます。「(AorB) or (CorD)」が「A若しくはB又はC若しくはD」となります。

自力で条文や契約書を正確に理解しようとすれば、このような法令用語の厳格な使い分けについても勉強する必要があるのです。

Q 1-2

ネットにあがっているコードを使いたいんだけど……

ITシステムの開発や、プログラムの実装といった仕事の際に、ちょうどぴったりというコードをWebで見つけることがあるのだけど、それをそのままコピーして、利用しても大丈夫なのかな？　法律上の問題が生じたりするの？

A

ソースコードは「プログラムの著作物」として著作権法で保護されています（著作権法第10条1項9号）。すべてのソースコードが保護されるわけではありませんが、ある程度のまとまりがあり、誰が書いても同じようになるものでないなら、著作物であることを前提とすべきです。無断でコピーして利用することなどは避けた方がよいでしょう。

「プログラムの著作物」を著作権法は保護している

ソースコードとは、プログラム言語で記述されたテキストのことをいい、コンピュータが処理すべき一連の命令を記述したものです。著作権法は第10条1項で「著作物」を例示しており、その中に「プログラムの著作物」が挙げられています。

著作権法第10条1項

この法律にいう著作物を例示すると、おおむね次のとおりである。

一　小説、脚本、論文、講演その他の言語の著作物

二　音楽の著作物

（中略）

九　プログラムの著作物

さらに著作権法第２条１項10号の２において、プログラムは次のように定義されています。

著作権法第２条１項10号の２

電子計算機を機能させて一の結果を得ることができるようにこれに対する指令を組み合わせたものとして表現したものをいう。

※「一の結果」とは、２条１項１号で規定されている「著作物」の結果のことです。つまり「思想又は感情を創作的に表現したものであって、文芸、学術、美術又は音楽の範囲に属するもの」の結果です。

これはまさにソースコードが該当します。ソースコードは著作権法で保護されているのです。

「創作性」がなければ保護されない

ただしプログラムは、小説や絵画などの典型的な著作物と違って、**機能的・事実的著作物**といわれることがあります。機能的・事実的著作物は、典型的な著作物と比べると、機能を追及するという側面があるために、似たような表現になりやすく、作成者の個性が発揮しにくいという特徴があります 側注1 。

プログラムとして機能するソースコードはいわばロジックの記載ということになります。極めて短く、ありふれたソースコードの転用を著作権侵害とした場合、例えば01のような単純に文字列を表示するようなコードはどうなるでしょう。もしこの程度でも著作権侵害になってしまうと、もはや何も書くことができなくなってしまいます。このように、誰が書いても同じようなコードになってしまうようなものは、ありふれた表現として「創作性」が否定され、著作権では保護されません 。

側注1

そのほかの機能的・事実的著作物の例としては、設計図、学術論文、歴史書、報道記事などがあげられます。

```
<html>
  <head>
    <title>PHP Test</title>
  </head>
  <body>
  <?php echo '<p>Hello World</p>'; ?>
  </body>
</html>
```

創作性のないソースコードの例

実際にプログラムの著作物性が争われた裁判でも、裁判所は以下のように述べています 側注2 。

側注2
東京地裁
平成15年1月31日判決

> 次のようなプログラムは、その性質上、表現する記号が制約され、言語体系が厳格であり、また、電子計算機を少しでも経済的、効率的に機能させようとすると、指令の組合せの選択が限定されるため、プログラムにおける具体的記述が相互に類似することが少なくない。(中略)著作権法は、プログラムの具体的表現を保護するものであって、機能やアイデアを保護するものではないところ、プログラムの具体的記述が、表現上制約があるために誰が作成してもほぼ同一になるもの、ごく短いもの又はありふれたものである場合においては、作成者の個性が発揮されていないものとして、創作性がないというべきである。

転用する場合に踏むべきステップ

では、簡単で創作性のないコードではなく、複雑で長いコードを転用する場合はどうでしょう?

もし、ソースコードの一部をコピーして利用する場合、最初に確認すべきポイントはライセンス条件の表記があるかです。オープンソースのプログラムなどで、GPL(⇒Q1-6参照)やクリエイティブ・コモンズ・ライセンス(⇒Q1-11参照)の明記がある場合は、これらのライセンス条件をよく確認し、その範囲内で利用することが求められます。

ブログなどで公開されている、ライセンス条件の記載がないソースコードを利用したい場合は、そのソースコードを書いたプログラマーに利用条件の確認を行いましょう。クライアントワークの場合には、クライアントにも利用するソースコードの元情報について共有しておくべきです。

このようなステップを踏まずにソースコードを転用すると、著作権の侵害には至らない場合でも、プログラマーとしての信用を損なうことがあり得ます。ソースコードをそのまま無断転用して、それがもとのソースコードを書いた本人に知られ、ブログや SNS でその件を言及された場合、転用した人はプログラマーとしての信用を失うことになるでしょう。それがクライアントワークだった場合、本人ではなくクライアント側にクレームが届くかもしれません。リスクを考えると、利用条件が明らかではないソースコードの転用は避けるべきです。

プログラマーだけではなくクライアントにもクレームがあるかも……

Q 1-3

ネットにあがっているアルゴリズムを盗用するとまずい？

ネット上で見つけたアルゴリズムは、公開されているといえるのだし、自由に使ってもいいんだよね？　アルゴリズムには著作権はないと聞いたことがあるし……。

A

プログラムは、著作権法、特許法による保護を受ける可能性がありますが、アルゴリズムは著作物とはいえず、また特許法上の「発明」にも該当しません。したがって、これらによる保護を受けることはありません。

アルゴリズムは著作権法で保護されない

アルゴリズムは、何らかの問題を解く場合の手続きや解法のことです。アルゴリズムをコンピュータ上で実際に実行可能な命令として具体的に記述したものである、プログラムの著作権についてはすでに確認しました（⇒Q1-2参照）。それではアルゴリズムそのものについてはどうでしょうか。著作権法には次のような規定があります。

著作権法第10条3項

第一項第九号に掲げる著作物に対するこの法律による保護は、その著作物を作成するために用いるプログラム言語、規約及び解法に及ばない。この場合において、これらの用語の意義は、次の各号に定めるところによる。

一．プログラム言語
プログラムを表現する手段としての文字その他の記号及びその体系をいう。

二．規約
特定のプログラムにおける前号のプログラム言語の用法についての特別の約束をいう。

三．解法
プログラムにおける電子計算機に対する指令の組合せの方法をいう。

したがって「解法」に該当するアルゴリズムは、著作権法上は保護されません。アルゴリズムが具体的なプログラムとして記述された場合に、そのプログラムが「プログラムの著作物」として、初めて保護されることになるのです。

著作権法は「アイデア」を保護しない

なぜ著作権法はアルゴリズムを保護の対象としていないのでしょうか？　著作権法では、第２条で著作物を定義しています。

著作権法第２条

この法律において、次の各号に掲げる用語の意義は、当該各号に定めるところによる。

一．著作物
思想又は感情を創作的に表現したものであつて、文芸、学術、美術又は音楽の範囲に属するものをいう。

つまり、著作権によって保護されるのは、あくまで「表現したもの」であり、その背後にあるアイデアやコンセプトそのものは保護されないのです。プログラミング言語そのものやアルゴリズムは、「表現」というよりは抽象的な「アイデア」なので、これらに対しては著作権が及ばないことになります。

著作権法は、著作物を創作した著作者に複製や公衆送信といった権利（⇒Q1-1参照）を専属させることにより、他人が著作物を無断で利用することを原則として禁じています。それには正当な見返りを与えることで著作者に新しい著作物の創作を促し、文化の発展を促進するという目的があります。同時に、著作権法は著作権によって表現を保護する代わりに、その表現の背後にある「アイデア」などについては自由に利用する余地を残すことにより、後に続く創作者の「思想・表現の自由」の保護と著作権者の保護の両立を図り、「文化の発展」という目的を達成しようとしているのです。この考え方を**アイデア・表現二分論**といいます。

特許法とは何か？

では、特許法上は問題ないのでしょうか。それを考えるためには、そもそも特許法とは何なのかを解説しておく必要がありますね。特許法は第１条で、その目的を次のように定めています。

特許法第１条

この法律は、発明の保護及び利用を図ることにより、発明を奨励し、もつて産業の発達に寄与することを目的とする。

発明や考案は目に見えないものなので、具体物のように、目に見える形で誰かがそれを占有し、支配することはできません。法により適切に保護がされなければ、発明者は自分の発明を他人に盗まれないように、秘密にしておこうとするでしょう。

しかしそれでは、発明者自身もそれを有効に利用することができないばかりでなく、他の人が同じものを発明しようとして無駄な研究、投資をすることとなってしまいます。そこで、特許制度は、発明者には一定期間、一定の条件のもとに**特許権**という独占的権利を与えて発明の保護を図る一方、その発明を公開して利用を促すことにより、新しい技術を人類共通の財産とし、これにより技術の進歩を促進して、産業の発達に寄与しようという制度なのです。

なお、創作した時点で勝手に発生する権利である著作権に対し、特許権は、出願してお金を払い、特許庁の厳しい審査を経て、登録をすることで初めて権利が発生します。また、著作権の権利の存続期間が、著作者が著作物を創作した時点から著作者の死後70年までであるのに対し、特許権の権利の存続期間が、原則として出願から20年であるという点でも異なります。特許権は著作権に比べて非常に強い独占的な権利であり、その分、著作権よりも制限のある権利となっています。

アルゴリズムは特許法の「発明」にもあたらない

この特許法において、特許を受けることのできる「発明」とは、「自然法則を利用した技術的思想の創作のうち高度のものをいう」（特許法第２条１項）とされています側注１。

アルゴリズムそのものは、何らかの問題を解くための解法にすぎないのですから、抽象的概念にすぎず、「自然法則を利用」したものとはいえず、「発明」とはなりません。

一方、プログラム（ソフトウェア）については、特許法２条３項１号及び同条４項は、「物の発明」として「プログラム等」についても「発明」が生じる場合を認めています。ただし、「プログラム等」について常に「発明」が生じるものではなく、やはり「自然法則の利用」という要件が必要です。

つまり、抽象的概念の域を越えて、「物の発明」といえる程度にまで、そのプログラムに利用可能性・活用可能性があるかということがポイントとなります。プログラムの形になっていたとしても、そのハードウェアにおける実現方法が明確になっていなければ、アルゴリズムという抽象的概念の域を越えてはいないと考えられます。

なお、アルゴリズムが事業者の開発に係るものである場合には、当該アルゴリズムが不正競争防止法第２条６項に定められる「営業秘密」として保護される場合もありますが（⇒Q1-12コラム参照）、ネットにあがっているアルゴリズムの場合には、「営業秘密」を気にする必要はないでしょう。

側注
1

この「自然法則を利用」という要件を必要とする意味としては、①経済学上の原則やスポーツやゲームのルールなどの人為的な取り決めなどの自然法則とはいえないものを利用した創作を「発明」から除外する意味、②自然法則、自然現象、抽象的概念そのものを「発明」から除外する点にあるとされています。

Q 1-4

他のアプリケーションのUIを参考にしても問題ない？

既存のアプリケーションの画面デザインと似たものを作りたい。こういうのってデザイン盗用であり、もしかして著作権侵害になったりする？　それに、著作権以外の権利侵害にもなりそうな気がする……。

A

UIやメニューなどのレイアウトや色の使い方を著作権法で保護することはなかなか難しいのですが、著作権侵害が成立する場合もありえるので、慎重に判断をする必要があります。また、法改正が行われたことで、意匠法による保護の可能性が広がったことにも留意する必要があります。

UIやメニューの権利は軽視されがちだが……

UIとは、ユーザーインターフェース（User Interface）の略で、コンピュータの利用者が情報を受け取るために用いられる仕組みや、入力するために用いられる仕組みのことをいいます。例えば、パソコンを利用する場合、キーボードで文字を入力したり、ディスプレイ上のカーソルをマウスなどで移動させ、文字を入力したりすることができます。何気なく利用されてはいますが、開発者の創意工夫によってできた仕組みといえます 側注1 。

メニューとは、コンピュータのディスプレイ装置の画面上に表示される操作項目の一覧表のことをいいます。例えば、「ファイル　ホーム　挿入　描画」などの操作項目は一列に並んで表示されていることなどがありますが、意味なくそのように並んでいるわけではありません。これもまた、開発者が操作項目や操

側注1

UIについては、さらに細かく分類すると、CUI（Character User Interface）やGUI（Graphical User Interface）がありますが、主にデザインが関係するのは、GUIになります。

作項目の並べ方を考え、作成したものなのです。

いわばデザインであるUIやメニューは、一般的にWebサイトやアプリケーションのコンテンツよりも著作権が軽視される傾向にあります。ただし、利用しやすさに大きな影響を与えるものである以上、Webサイトやアプリケーションを構成する重要な要素であり、著作権に関する問題を無視することはできません。

「そのままコピー」は侵害の危険性が大

著作権法にはアイデア・表現二分論という考え方があることはすでにお話しました（⇒Q1-3参照）。では、Web上のデザインは「アイデア」か「表現」かという問題となると、一般論としての結論を述べるのはどうしても難しくなります。開発者が工夫を凝らして考えた、広範な選択肢の中であえてそれを選んだ、というようなレベルであれば、それは「思想又は感情を創作的に表現したもの」と判断される場合もあります。そうしたケースでは、著作物として保護の対象となり、細かいレベルまで一致しているデザインは著作権侵害となる可能性があります。つまり、創作性のあるUIやメニューをコピーし、他のサイトやアプリにそのまま使った場合には、著作権者の権利を侵害する可能性が高いといえるでしょう。

レイアウトや色を参考にする場合は？

それでは、他者が開発したUIやメニューの、レイアウトや色の使い方を参考にして、自分で似たようなUIやメニューを開発することは著作権侵害になるのでしょうか。これについては、Web上のデザインに関する著作権の難しいところではありますが、著作権の侵害になる可能性は低いと考えられます。Web上のデザインのうち、レイアウトや色の使い方については、「創作的に表現したもの」ということはできず、基本的には「アイデア」や「手法」に過ぎないものだからです。

しかし最終的には、やはりケースバイケースと言わざるを得ません。特定のUIやメニューのレイアウトや色の使い方について「創作性」が認められる場合には、それを真似てUIやメニューを作成すると著作権法に違反する可能性はあります。この場合には、真似て開発されたUIやメニューのレイアウトや色の使い方との類似性が問題となります。ただ、この類似性に関しても、ありふれた部分ではなく、著作物性がある部分が類似していなければならないため、著作権侵害が認められる範囲は必ずしも広くないと考えられます。

法改正で意匠権にも注意が必要に

UIやメニューが著作権法で保護される範囲は必ずしも広くないことは前述のとおりですが、UIやメニューを著作権法以外で保護することは可能なのでしょうか。

著作権法以外では、**意匠法**による保護の可能性も考えられます。意匠法とは製品や商品のデザインについて独占権 側注2 を認める法律です。2020年4月に改正法が施行され、画面のデザインなどデジタル画像が保護の対象となりました。この改正によりUIやメニューが保護される範囲が広がったと考えられますので、意匠法による保護もUIやメニューの保護の重要な選択肢となりました。

側注2
意匠法で認められたこの権利を、意匠権といいます。意匠権は、著作権よりも特許権に類似した権利です。意匠権は、特許庁への登録が必要であり、また、権利の有効期間が登録から20年となっています。

権利侵害にならないための処方箋

UIに著作権が認められうる以上、既存の画面デザインをコピーするような行為は、誰かの著作権を侵害してしまうリスクがあります。そのため、開発者へのリスペクトという点でも、同じようなものを作りたいと思ったときには、あくまで参考にする程度に留め、そっくりそのまま真似てしまうことは避けるべきです。既存のUIと類似のものを作る際には、細かい部分や付随的な表示、装飾などで、可能な限り独自のデザインを盛り込むという形が望ましいでしょう。つまり、著作権が認められるケースである場合に、権利侵害であると認定される可能性を軽減するという

側注 3

特許情報プラットフォーム（PlatPat）
https://www.j-platpat.inpit.go.jp/

ことです。

　また特許権や意匠権については、「特許情報プラットフォーム（PlatPat）」側注3などで、そのUIが出願・登録されているかどうかを調べ、権利侵害を避けることができます。

コラム

特定電子メール法とは？

　エンジニアに関わりのある法律の一つとして、**特定電子メールの送信の適正化等に関する法律**（特定電子メール法）があります。

　この法律では、原則として広告・宣伝メールの送信に同意していない受信者に特定電子メールを送ってはならない旨（オプトイン方式）を定めています。日本では、以前はメール送信を拒否した者には特定電子メールを送ってはならないというオプトアウト方式を採用していましたが、法改正により、このオプトイン方式に変更されています。そのため、メルマガ等の配信の際には、受信者の同意を得られているかどうかがとても重要となっています。

　また同法により、特定電子メールを送信する場合には、一定の事項に関する表示義務が課せられています。具体的には、以下の項目が表示されている必要があります。

特定電子メールを送信する際に表示義務があるもの

- 送信者の氏名または名称
- メールを受信拒否できる旨の文面
- 受信拒否手続きを行うためのメールアドレスまたはURL
- 送信者の住所・連絡先（リンク先での表示も可）

　その他にも、メールアドレスを偽って特定電子メールを送信することは禁止されています。送信元のメールアドレスを偽ったり、表示しない設定で送ったりしたような場合には、違法となります。

　特にwebアプリケーションを開発していると、いつの間にか特定電子メール法に抵触しているということもあり得ます。宣伝メールのフッターに配信停止情報を書き忘れたり、新しいサービスを開始するからと別サービスの顧客情報を利用して宣伝メールを一括送信したり、受信拒否の連絡を受けたにも関わらずそれを無視して広告配信を続行したりといった行為は、すべて違法になりますので気を付けましょう。

Q 1-5

オープンソースなら流用も改造も自由だよね？

ネット上で不特定多数の人に向けてソースコードが公開されているプログラムなら、オープンソース（OSS）といえるはず。オープンソースには著作権はないのだから著作権法は無関係、法律の話は特に気にする必要がないよね？

A

著作権などの問題をあまり気にせずに利用できるオープンソースは、エンジニアの心強い味方となるものです。しかしオープンソースも著作権法の枠組みを前提として成り立っていることが正確に理解されていない場合が多く、コンプライアンス上の問題が起きる場合もあります。

オープンソースへの誤解

オープンソース（OSS）は、正確に定義を理解している人が意外と少なく、さまざまな誤解が流布されています。

OSSへの誤解の例

- ネット上で不特定多数の人に向けてソースコードが公開されているプログラムなら、オープンソースといえる
- オープンソースには著作権はないのだから、著作権法は無関係

こうした誤解に基づくソースコード・プログラムの利用は、法律上の問題を引き起こす危険があります。オープンソースとそうでないものの区別を明確にし、オープンソースの利用者にどのような権利が認められているのかを知ることは、無用な法律問題を引き起こさないために重要なことです。

ライセンス（利用許諾）とは何か？

では、オープンソースとは何なのでしょうか。オープンソースの何たるかを知る際には、著作権法の基礎が問われます。

そもそも著作権とは、著作物を生み出した本人を権利者として、ある種の独占的な地位を保障するための法分野です。システム開発やソフトウェア開発の文脈に即して端的に説明すると、複製（著作権法第21条）や、ネット経由での配信である公衆送信（同法第23条1項）、譲渡（同法第27条）について、権利者でない人が無断でこれらの利用行為を行なった場合には、「著作権侵害」となります。

著作権を侵害された場合には、権利者は、民事的な措置として、差し止めや、不法行為責任に基づく損害賠償請求を求めることができます（⇒Q1-10参照）。

このように権利者でない人の「利用」（⇒Q1-7コラム参照）を幅広く制限するものが著作権であることは、裏を返せば権利者が許可するならば、権利者でない人の「利用」も認められるということを意味します。これがいわゆる利用許諾、すなわち**ライセンス**です。

「利用の許可＝権利譲渡」ではない？

したがって注意が必要なのは、利用許諾を得ることと、著作権そのものの譲渡や移転を受けて著作権者になることとは、意味が異なるという点です。あくまで利用許諾は、著作権がないことを前提としながらも、「利用」について正当な権利者の「許諾」を得るということを意味しているのです。

GitHubに開示されているコードなどについて、「ネット上で不特定多数の人が閲覧できる場所にあるのだからオープンソースであり、著作権問題は気にしなくてよい」などと誤解されてしまうケースがありますが、オープンソースの本質は、「利用の許諾」という点であり、誰もが閲覧できるという点ではありません。著作権者であるそのコードを書いたプログラマーは、そのコードをネット上に開示する意思を持っていたとしても、オープンソースとして不特定多数の人に利用を許諾しているとは限らないのです。

つまり、オープンソースは、何もかも自由に使えるというものではなく、一定の条件の下で利用を許されているものであり、著作権者の定めたルールに従って利用する必要があります。

オープンソースの定義

ソフトウェアがオープンソースであるかどうかは、ライセンスが「オープンソースの定義（The Open Source Definition）」に合致しているかどうかで決まります。OSSの定義は次の10項目が定められており、これらに準拠したライセンスを持つソフトウェアがOSSとして認定されます 側注1 。

側注1
The Open Source Definition
https://opensource.org/osd

OSSの定義

1：再配布を自由に認めること

2：ソースコードを無償で配布すること

3：派生ソフトウェアの配布を許可すること

4：ソースコードのどの部分が、作者オリジナルのコードかわかるようにすること（作者コードの完全性）

5：個人やグループに対する差別をしないこと

6：使用分野に対する差別をしないこと

7：プログラムに付随する権利はすべての再頒布者に平等に与えられること（ライセンスの分配）

8：特定の製品だけに限定したライセンスにしないこと

9：他のソフトウェアを制限するライセンスにしないこと

10：ライセンスは技術的に中立であること

なお、このような定義上、ライセンス料は誰でも無料となりますが、それ以外のところで費用が発生する可能性までは、オープンソースの定義からは排除できないので注意が必要です。例えば、ウェブサイトの開設によく用いられるWordPressは規約上オープンソースとされていますが（⇒Q1-8参照）、プラグインのダウンロードは有料のものもあれば無料のものもあります。

オープンソースであることの確認方法

それでは最後に、オープンソースを利用する上で確認すべきポイントをまとめておきましょう。

OSSライセンスは、OSSの認定を行う非営利団体「Open Source Initiative（OSI）」が管理しており 側注2、OSIによってライセンスが承認されると、そのソフトウェアはオープンソースであると公式に認められ、**OSI認定マーク**が付与されます。つまり、このOSI認定マークの表示があるソフトウェアであれば、オープンソースであると判断することができるというわけです。

側注2
Open Source Initiative
https://opensource.org/

OSI認定マーク

なお、OSI認定マークはそのライセンスがOSSの定義に準拠していることを証明しますが、OpenSSLなどのようにOSI承認ライセンスに挙がっていないオープンソースライセンスもあります。したがって、このOSI認定マークがないからと言って、オープンソースでないというわけではありません。

オープンソースを利用する際には、それがオープンソースであることを確認した上で、ライセンスに準拠した利用をする必要があります。したがって、ライセンスの形態や内容を理解してから使うということが非常に重要です。

Q 1-6

ボタンやアイコンにフリー素材を使う場合の注意点は？

フリー素材を提供しているサイトが多くあるけれど、「著作権フリー」と書かれているのだから自由に使ってもいいのかな？　利用規約をよく読むようにと言われることもあるけれど、どうしてだろう？

A

ウェブサイトを制作する場合、フリー素材を利用することもあるでしょう。そこで注意せねばならないのは、フリー素材といっても全く自由に使えるとは限らず、商用利用が禁止され、私的利用のみが認められている場合などがあるということです。利用規約を無視して私的利用しか認められていないフリー素材を商用利用してしまうと、著作権侵害となってしまう可能性があります。

「フリー」の意味をよく確認すること

「フリー素材」や「著作権フリー素材」と謳われているからといって油断していると、思わぬ落とし穴にはまってしまう可能性があります。なぜならこれらの表現が使われていたとしても、その実質は異なることがあるからです。

ここでは、「フリー」が「パブリックドメイン」であることを意味する場合と、「対価が無料」であることを意味する場合に分けて解説していきます。それぞれ順に、その要点を確認していきましょう。

パブリックドメインはクリエイターへの敬意を忘れずに

まず一つに、著作権の保護期間（側注1）が過ぎている場合や、著作権が放棄されている素材を「フリー素材」と呼ぶことがあります。このような状態は**パブリックドメイン**（Public Domain）と呼ばれることがあり、許諾を得なくても自由に使える素材と考えることができます。

ただしこのような場合でも、**著作者人格権**を侵害しない範囲で利用する必要があります。著作者人格権とは公表権、氏名表示権、同一性保持権の３つの権利の総称です。

公表権（著作権法第18条）

自分の著作物でまだ公表されていないものを、公表するかしないか、するとすれば、いつ、どのような方法で公表するかを決めることができる権利

氏名表示権（著作権法第19条）

自分の著作物を公表するときに、著作者名を表示するかしないか、するとすれば、実名か変名かを決めることができる権利

同一性保持権：（著作権法第20条）

自分の著作物の内容または題号を、自分の意に反して勝手に改変されない権利

この３つの権利は、名称からも推測できるとおり名誉権、プライバシー権などの著作権版ともいえるものです。著作権が著作者の財産的権利を保護するものであるのに対し、著作者人格権は著作者の人格的利益を保護するのです。

このうちの同一性保持権は、クリエイターの名誉や、自分が制作した作品への思い入れを守る権利です。努力して制作した作品を切り刻まれたり、内容またはタイトルを自分の意に反して勝手に改変されたりしない権利であり、これを侵害することがないように注意せねばなりません。

なお「著作者人格権」は一身専属の権利とされているため（著作権法第59条）、著作者が死亡（法人の場合は解散）すれ

側注1

著作権の保護期間は、著作者が著作物を創作した時点から著作者の死後70年までです。ただし、「無名・変名の著作物」は公表後70年（死後70年経過が明らかであれば、そのときまで）、「団体名義の著作物」と「映画の著作物」は公表後70年（創作後70年以内に公表されなければ、創作後70年）となっています。

ば権利も消滅することとなります。つまり、保護期間は著作者の「生存している期間」です。しかし、著作者の死後（法人の解散後）においても、原則として、著作者人格権の侵害となるべき行為をしてはならないこととされています（同法第60条）。

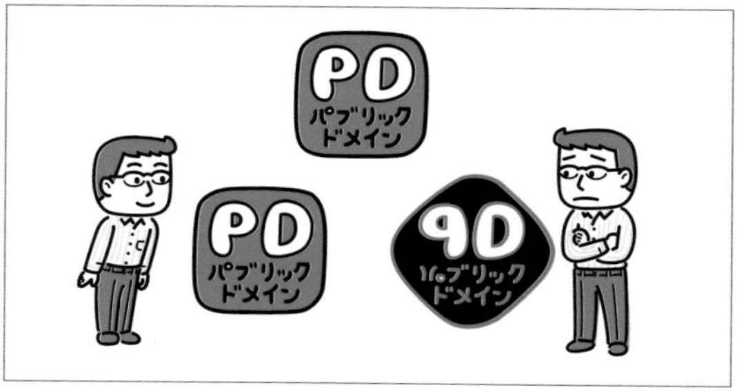

パブリックドメインでも著作者人格権の尊重は不可欠

無料という意味の「フリー」

一方で「フリー素材」という用語が、許諾に関して対価が不要（無料）という意味で使われているケースもあるので注意が必要です。この場合、著作権は存在し、許諾を得て利用しているという形になるため、許諾の範囲内で使わなければ、著作権侵害となってしまうのです。

著作権法第63条では、著作物の利用の許諾について次のように定めています。これにより、フリー素材を使う際には、「その許諾に係る利用方法及び条件の範囲内において」使用する必要があります。

著作権法第63条

1. 著作権者は、他人に対し、その著作物の利用を許諾することができる。

2. 前項の許諾を得た者は、その許諾に係る利用方法及び条件の範囲内において、その許諾に係る著作物を利用することができる。

利用規約の読み方

「フリー素材」についてその実質を確認するためにも、**利用規約**を読むことは重要になってきます。許諾の範囲について、各フリーサイトでは利用規約で詳細に説明しています。例えば、よく目にするフリー素材を提供している「いらすとや」の利用規約は次のようになっています 側注2 。

側注 2

いらすとや「ご利用について」
https://www.irasutoya.com/p/terms.html

ご利用について

ご利用規定

当サイトで配布している素材は規約の範囲内であれば、❶個人、法人、商用、非商用問わず無料でご利用頂けます。「よくあるご質問」に詳しく記載しておりますのでご利用の前に一度ご確認ください。

当サイトのイラストは以下の場合、ご利用をお断りします。

- 公序良俗に反する目的での利用
- 素材のイメージを損なうような攻撃的・差別的・性的・過激な利用
- 反社会的勢力や違法行為に関わる利用
- 素材自体をコンテンツ・商品として再配布・販売
（LINEクリエイターズスタンプ等も含みます）
- その他著作者が不適切と判断した場合

❷
以下の場合、有償にて対応させていただきます。メニューの「お問合せ」からご連絡下さい。

- 素材を21点以上使った商用デザイン
- 素材の高解像度データの作成（高解像度イラストのサンプル）

著作権

当サイトの素材は無料でお使い頂けますが、❸著作権は放棄しておりません。全ての素材の著作権は私みふねたかしが所有します。

素材は規約の範囲内であれば自由に編集や加工をすることができます。ただし加工の有無、または加工の多少で著作権の譲渡や移動はありません。

その他

当サイト以外に掲載されている私の作品については、無料ではお使い頂けません。

素材を利用することによって発生したトラブルについては一切責任を負いかねます。❹

「いらすとや」の利用規約

利用規約の❶の部分には、「個人、法人、商用、非商用問わず無料でご利用頂けます」と規定されていますから、記載されている目的の範囲内であれば、無料で利用することができるわけです。

ただし❷の部分では、「素材を21点以上使った商用デザイン、素材の高解像度データの作成」については有償としており、これらの行為を行うことは、無料である許諾の範囲には含まれないということになります。

また❸の部分を見ればわかるように、著作権は放棄されていません。規約の範囲内で編集や加工を行ったとしても、その権利は依然として元の素材の作者にあることになります。

もちろん❹でも書かれているように、当該サイトの利用は利用者自身の責任において行われるものです。利用の際、または、ダウンロードした素材を利用の際に発生したあらゆる損害・不利益（ウイルス感染なども含みます）について、当該サイトに責任を問うことはできません。

まずは利用規約を確認・遵守すること

利用規約にはこのように、著作物の作成者がその利用者に何を求めているのかが明記されており、「フリー素材」という言葉が何を意味するのか、その実質を判断することができます。

フリー素材を利用する場合には、安易に、自由に使っても問題は無いと考えるのではなく、まず、フリー素材を提供しているサイトで掲載されている利用規約をよく確認しましょう。利用規約で、どのような目的であれば利用することができるのか、どのような行為であれば行うことができるのかなどについてしっかり確認をすれば、うっかり著作権侵害をしてしまうということを回避できます。

コラム

ロイヤリティフリーとライツマネージドとは？

ロイヤリティフリー（RF）は、素材を単品購入したり月単位の定額制などの形で料金を支払ったりして、「一度利用を許諾されれば、利用許諾の範囲内で何度でも自由に、複数用途に利用できる」というライセンスです。従来は写真等に対して使われる用語でしたが、最近はオープンソースソフトウェアや、オープン標準として定められた標準技術の利用に際する用語としても使われています。用途の申告などをその度に行ったりする必要がないため、面倒なく、リーズナブルな価格で「自由に」利用できますが、あくまでも許諾を得られた個人の利用に限られており、第三者への利用権の譲渡はできません。

本文でも解説した、パブリックドメインの素材と間違えられることも多いのですが、ロイヤリティフリー素材の場合、著作権は撮影（制作）したクリエイター本人に帰属するので、著作権のない素材ということではありません。ロイヤリティフリーは、著作権を著作者またはその代理人に残したまま、一定範囲での利用を許諾するものなので、この２つは異なります。しかし実態はロイヤリティフリーなのに、「著作権フリー素材」などと表記されて、著作権が放棄されているかのように見えるケースがあります。利用許諾契約書などを読み、利用にあたっての条件を確認することが重要です。

ロイヤリティとは特定の権利を利用するために権利者に支払う使用料のことですが、ロイヤリティフリーと対になる言葉は**ライツマネージド**（RM）です。ライツマネージドはライセンスの契約ごとに素材の利用目的や、媒体、利用期間が決められます。さらにライツマネージドの場合は、同じ素材でも他の目的に使うならば、改めて追加の契約が必要となります。少し前まで、グラフィックデザインに使う写真などの素材は、利用する度に、申告と支払いが必要なライツマネージドが一般的なライセンス形式でした。しかし、一度利用許諾を受ければその後の利用料支払いが発生しないライセンス形式であるロイヤリティフリーが、その自由さ、便利さから、主流になったのです。

Q1-7

コピーレフトと書いてある場合は著作権を主張していないの？

コピーレフトと書いてあるプログラムなどがあるけど、この「レフト」って左のこと？　著作権のことをコピーライトというけど、まさかライトは「右」じゃないよね？

A

コピーレフトとは、プログラムもしくはその他の著作物について、改変ないし拡張されたバージョンもすべて自由であることを要求する手法です。コピーレフトの「レフト」は、著作権（コピーライト）の「ライト」の反対方向を指すということを意味しているにすぎません。

コピーライトから派生したコピーレフト

コピーレフト（Copyleft）という仕組みがあります。このコピーレフトと聞くと、コピーライトを連想する人は少なくないでしょう。実際、コピーレフトはコピーライトから作られた言葉なのです。

コピーライト（Copyright）は和訳すると、著作権です。Webサイトの下の方に、「Copyright ～」という一文を見かけたことがあるでしょう。これは、Webサイト中の文章や画像などの著作権を主張しているものです。

Copyright © 2007-2020 All Rights Reserved by Gijutsu-Hyohron Co., Ltd.
ページ内容の全部あるいは一部を無断で利用することを禁止します。個別にライセンスが設定されている記事等はそのライセンスに従います。

Webサイトに掲載されているCopyright表示の例（https://gihyo.jp/book）

コピーレフトは、このコピーライトから派生してできた言葉です。「Copyright」の「right」が本来持つ意味は「権利」ですが、これを同じ単語の「右（right）」という意味でとらえ、対極の「左（left）」にしたわけです。

しかしこのことが誤解を生むことがあります。コピーライトの対局だからといって、コピーレフトは著作権を主張していないわけではないのです。

コピーレフトが可能にすること

簡単に言うなら、コピーライトは「著作権者以外は誰も使ってはいけません」であるのに対して、コピーレフトは「誰でも使っていいし、改変して売ってもよいが、著作権者の表示はして下さい」というものです。

コピーレフトは、オープンソースでよく見られるGPLが採用しています（⇒Q1-8参照）。オープンソースの開発には次のような意図がありますが、通常はこれらを実現するには、著作権者が持っている権利を事前に許可してもらう必要があります。

オープンソース開発の意図

- 不特定多数の人に使ってもらいたい
- 不特定多数の人に制作・機能追加に参加してもらいたい
- 不特定多数の人に改修に参加してもらいたい

例えば、ソースコードを使うには「複製権（コピー）」の許可が必要です。また、二次著作物をインターネット上で公開するのに、「送信可能化権」も許可してもらわなくてはなりません 側注1 。そして、機能追加などをするには、内容によっては「翻訳権・翻案権」などの許可も必要であり（⇒Q1-1参照）、これには「同一性保持権」の問題も生じます（⇒Q1-6参照）。

こういった著作権者が持つさまざまな権利について、いちいち許可を得ることなく、不特定多数の人が自由に著作物を複製・変更できるようにしようというのが、コピーレフトなのです。

側注1

送信可能化権とは、インターネットなどのサーバーにアップロードし、著作物を自動的に公衆に送信し得る状態にできる権利（第2条1項9号の5）であり、公衆送信権に関連する権利です。

パブリックドメインとの違い

「不特定多数の人が自由に複製・変更をできるようにしたいのであれば、パブリックドメインにすればよいのでは?」と思う人がいるかもしれません。パブリックドメインは、作者を中傷する目的で行う悪質なものでなければ、改変が可能であり、プログラム自身と彼らがそれに加えた改良を共有することができます(⇒Q1-6参照)。

しかし、パブリックドメインにするということは、個人がそのプログラムを私有ソフトウェアにしてしまうことをも認めることです。この場合、プログラムに変更を加えた成果物を、私有製品として配布することができるようになります。そのように改変された形でのプログラムを入手した人々には、元の作者が人々に与えた自由はありません。ソフトウェアを私有化した人が、その自由を奪い去ってしまったといえるでしょう。

これに対しコピーレフトでは、そのソフトウェアを再配布する人は、たとえ変更を加えた場合でも、コピーし変更を加える自由を一緒に渡さなければなりません。コピーレフトによって、すべての利用者が自由を持つことが保証されるのです。

コピーレフトであることの確認・表示方法

大文字のCを丸で囲んだコピーライトマーク「©」は見たことがあるかと思います。これに対し、このコピーライトマークを左右反転させたマークが存在します。これが、コピーレフトのシンボルマークです。コピーレフト公開のものには、このマークが使われることが一般的です。また、著作権の注意書きである「All rights reserved」をもじった「All rights reversed」という表記が使われることもあります。

コピーレフトを使用する場合の注意点

コピーレフト型のOSSライセンスでは、改良・再配布された派生物も元の著作物と同じ条件で配布しなければいけない点に注意しましょう。特に、コピーレフト型のOSSと自社のソフトウェアを組み合わせてしまうと、自社のソースコードについても公開義務が発生してしまうため注意が必要です。

なお、OSSを改造して自分一人で使用している場合や、改造したOSSを自社内でのみ使用している場合などは、ソースコードの開示義務はありません。

コラム

「使用規約」と呼ばれないワケ　「利用」と「使用」の違い

一般的な日本語としてみた場合には両者の意味には大きな違いがないので混同されがちですが、著作権法では、「利用」と「使用」は明確に区別されます。

著作権法にいう**利用**(exploit)とは、書籍であれば「印刷」や「修正」を行うこと、音楽であれば「録音」や「演奏」を行うこと、映画であれば「配給」や「上映」を行うことなど、複製権や公衆送信権といった著作権等の支分権 側注2 に基づく行為を指します。これらは著作権者の許諾がなければできない行為であり、権利者でない人間が無断で「利用」行為を行なった場合には、著作権侵害の事案となるわけです。

一方、著作権上の**使用**(use)とは、書籍などであれば「読む」こと、音楽であれば「聴く」こと、映画であれば「観る」ことなど、著作物等の享受を指します。もちろん書店で本を立ち読みしたからといって著作権法上の問題にはなりません。著作物の「使用」は、著作権を行使するわけではないからです。

これは、ソフトウェアにおいても同じように区別されます。たとえば、市販のソフトウェアのユーザー・ライセンスというのは、ソフトウェアを「使用」(実行・コードの閲覧・コンパイル)することは可能でも、「利用」(複製・再配布・二次著作物の作成)することはできません。しかし、オープンソースの場合はこの「利用」を許諾しているため、ライセンスに従う限りはソフトウェアの複製や配布・改良が可能であるというわけです。

側注2

著作権は複数の権利の集合体であり、著作権を構成する権利の一つ一つを「支分権」といいます。

Q 1-8

GPLのライセンスはどう読めばいいの？

WordPressを使っていると見ることのある「GPL」という言葉。これっていったい何？　なんだか難しそうで、クライアントに詳しく聞かれても困るし、見ないふりをしておこう。無料のソフトウェアなんだから、そんなに問題ないよね？

A

GPL（General Public License）とは、ソースコードを公開するプログラムソフトウェアの著作権形式の１つです。コピーレフトを許諾するライセンスで、プログラムだけでなくソースコードも公開することが義務づけられます。利用者はプログラムの利用だけでなくソースコードの改変・再配布も可能ですが、再配布の際にはGPLに準拠する必要があります。

GNUとGPLの関係

GPL（General Public License）について理解するためには、GNUを知らなければなりません。**GNU**とは、「GNU is Not Unix」の頭文字を取った略号であり、UNIXと上位互換性のあるフリーな総合ソフトウェアシステムの名称です。Richard M. Stallmanを中心とした、世界中の開発者によるボランティア活動によって開発が進められています。

GNUの最大の特徴は、それらすべてが「フリー」で配布されるということです。ただしここでいう「フリー」とは「無料」ではなく、「自由」という意味であり、いかなる制約もなしに無保証で４つの自由を認めるというのが、GNUの基本思想です。４つの自由とは、次の自由のことです。

4つの自由

- どんな目的にも使用する自由
- ソースコードを研究し、改変する自由
- 他の人に再配布する自由
- 改変したものを共有する自由

これらの自由を守るために、GNUのソフトウェアのほとんどは、GNU一般公衆利用許諾のライセンスに基づいて配布されています。GPLとは、このGNU一般公衆利用許諾ライセンスを指す言葉なのです。

GPLのプログラムを含む、またはそれらを用いて作られたソフトウェアもGPLに従って頒布することが定められています。GNUのソフトウェアを使って商用ソフトを開発する場合には注意が必要ですが、上の4つの自由を認めた上であれば、有料で販売することも可能です。

「いかなる制約」も認めないGPL

GNUの基本思想は「いかなる制約もなしに無保証で4つの自由を認める」であると説明しました。ここでいう「いかなる制約もなしに」とは、用途の制限などが一切できないということです。いくつか例をあげると、次のようなものでもGPLライセンス内の「制約」とみなされ、利用規約などにこれらを組み込むことはできません。

GPLライセンス内の制約とみなされるもの

- 公序良俗に反するサイトでの利用を禁止すること
- 再配布に作者の許可もしくは事前連絡を必要とすること
- そのまま再配布した場合には利用料を科すこと

このような制約なしに、4つの自由を認めているからこそ、GPLライセンスは自由なライセンスであると主張しているわけです。

さらにGPLライセンス内にはコピーレフト（⇒Q1-7参照）の条項が記載されており、GPLの自由を更に担保する役割を果たしています。例えば、WordPressのテーマやプラグインはGPLライセンスにする必要がありますが、これはWordPressの本体がGPLなので、その派生プロダクトであるテーマやプラグインはコピーレフトの影響範囲とみなされるからなのです。

GPLライセンスの種類

現在広く使われているGPLライセンスにはVersion 2とVersion 3があります。v2が1991年にリリースされたのに対し、v3は2007年リリースと比較的新しく、DRM関連の条項が強化されたりして、時代に即したものとなっています。**DRM**（Digital Rights Management）とは「デジタル著作権管理」を意味し、第三者によるデジタルコンテンツの無制限な複製、再生、閲覧、視聴、改変、印刷、流通を制限・防止するために、オリジナルデータを特定のソフトウェアあるいはハードウェアでしか再生できないようにすることで、第三者による複製や再利用を難しくする技術・管理方法のことです 側注1 。

通常、GPLv2とGPLv3を両立することはできませんが、WordPress本体はGPLv2 or later 側注2 でライセンスされているため、テーマやプラグインといった派生物ではGPLv2でもGPLv3でもライセンスすることが可能となっています。どのライセンスがどのバージョンのGPLと両立できるかは、GNUのサイト 側注3 のさまざまなライセンスとそれらについての解説に記載されています。

側注1
DRMの手法は、コピー自体をさせないコピー制御と、視聴自体をさせないアクセス制御の2種類に大別されます。

側注2
WordPressは正式には「GPLv2(or later)」という表記をしています。これは、「GPLv2かそれ以降」という意味です。要は、WordPress自体はGPLv2だけれど、その後のあなたたちはGPLv3を採用してもいいですよ、ということです。

側注3
GNUオペレーティング・システム
https://www.gnu.org/home.ja.html

100%GPLとスプリットライセンス

ライセンスはWordPressテーマ内では基本的に、100%GPLとスプリットライセンスの2通りがあります。

100%GPLはテーマ内すべてのファイルに、GPLもしくはその互換ライセンスを用いることです。つまり、WordPressのPHP

のコードのみではなく、JavaScript・CSS・画像・音声ファイル・アイコン・フォントなどすべてのアセットに対して、GPL または GPL 互換ライセンスが採用されることになります 側注4 。

一方で、1つのプロダクト内でライセンスを分けて使うことを**スプリットライセンス**と呼びます。WordPress 本体から来るコピーレフトの強制力は PHP ファイルのみに及ぶため、それ以外の画像ファイルや CSS ファイルはどのようなライセンスにしても問題はないと考えられています。

ただし WordPress コミュニティでは100% GPLを使うことを強く推奨しており、WordPress 本体はこれでライセンスされています。基本的にコミュニティに関わりたいと思っているのであれば、なんでも100%GPL にしておいて損はありません。

側注 4

なお、MIT ライセンスや修正 BSD ライセンスは GPLv2とライセンス互換があり、MPLライセンスや Apache License 2.0は GPLv3とライセンス互換があります。

コラム

「コンプガチャ」は違法ってホント？

オンラインゲームやソーシャルゲームにおいて、ゲームプレイヤー（消費者）に対し、ゲーム内で用いるキャラクターやアイテムを供給する「ガチャ」ですが、その仕組みの中で入手できる特定のアイテム等をすべてコンプリートすると、ゲーム上で使用できる別のレアアイテムを新たに入手できる、「コンプリートガチャ（コンプガチャ）」というものがあります。

この「コンプガチャ」によって提供されるレアアイテムは、**景品表示法**（景表法）上の景品類に該当し、景表法の景品規制が及びます。そして、景表法は、「懸賞による景品類の提供に関する事項の制限」で、「二以上の種類の文字、絵、符号等を表示した符票のうち、異なる種類の符票の特定の組み合わせを提示させる方法を用いた懸賞による景品類の提供はしてはならない」としており、「コンプガチャ」はこれに当たるものとして、規制の対象となってしまうのです。

そのため、消費者庁が「『懸賞による景品類の提供に関する事項の制限』の運用基準」において、「コンプガチャ」が違法であるとの見解を発表した2012年以降は、多くのゲーム会社が「コンプガチャ」を取りやめ、その他の方法での収益モデルを確立しています。なお、「コンプガチャ」という呼び名でなくとも、運用基準に記載のあるような仕組みのものについては規制対象となるので、どのような課金システムならリリース可能なのかということを検討する際には注意が必要です。

Q 1-9

画像や文章を引用する場合に気を付けるべき点は？

会社のサイトや自分のブログに、他人の画像や文章を使用したいと考えている。もちろん、自分のものじゃないってわかってるから引用するよ。「引用しました。」と書いておけば、それで大丈夫なんでしょ？

A

メディアを運営する場合に、他人の著作物の引用が行われることがあります。この引用について、「引用であれば許される」と漠然と理解している人も見受けられますが、全ての引用が無制限に許されるわけではなく、著作権法上、適法な引用として認められる方法により行う必要があります。

原則に対する例外としての「引用」

他人の著作物を、無断で利用することは、原則として、著作権法に違反することとなります。ただし著作権法においては、他人の「著作物」を許諾なく利用することができないという原則に対する例外として、**引用**を定めています。

著作権法第32条第1項

公表された著作物は、引用して利用することができる。この場合において、その引用は、公正な慣行に合致するものであり、かつ、報道、批評、研究その他の引用の目的上正当な範囲内で行なわれるものでなければならない。

例えば、ある論説等を批判しようとするとき、「○○は『……』と主張しているが」と書かねば、批判のポイントがわからない場合があります。この『……』の部分が引用にあたります。画像や文章に関して、この引用に該当する場合であれば、著作権法違反にはなりません。

適法な引用の範囲はどこまで？

逆に言えば、この引用の範囲を超えた転載などが使われている場合には、著作権侵害に当たるということです。それでは適法な引用であるかどうかは、どのような基準によって判断されるのでしょうか。

適法な引用となるためには、「パロディー事件」側注1や他の多くの判例により、次の事項に注意しなければいけません。

側注1

最高裁
昭和55年3月28日判決

1 必然性：引用を行う必然性があること

記事などを書く際に、その著作物を引用しなければ説明ができないというような場合でなければなりません。ただ何となく「この人の文章を組み入れたい」、「この写真や動画を自分のコンテンツに載せたい」という漠然とした理由では、引用とはなりません。

2 主従関係：引用部分とそれ以外の部分の主従関係が明確であること

オリジナル部分がメインであって、引用部分は補足でなければなりません。ほとんどの部分が引用であり、オリジナル部分がほんの少ししかないのなら、引用とはなりません。

3 明確性：引用部分が明確になっていること

引用部分が他の部分と明確に区別されていなければなりません。つまり、引用部分が引用であることを明確にする必要があります。

④ 出典元：出典元が明記されていること

著作権法第48条に、「前項の出所の明示に当たつては、これに伴い著作者名が明らかになる場合及び当該著作物が無名のものである場合を除き、当該著作物につき表示されている著作者名を示さなければならない」とあります。

⑤ 無改変：勝手に改変しないこと

著作者には、「著作者人格権」という権利があり、「著作物の内容、題号を意に反して勝手に変えたり削ったりさせない権利」（同一性保持権）が、その一つとして与えられています（⇒Q1-6参照）。したがって、引用にあたっては、著作物を改変してはいけません。ただし、引用のために翻訳を行うことは法律上許されています（著作権法第43条2号）。

ルールを守らない「引用」は「盗用」と同じ

正しい引用方法の具体例

以上を踏まえて、法的な観点から望ましい引用の方法を具体例で確認しましょう。

まず、文章をそのまま使う直接引用の場合には、カギカッコ（「」）や引用符（“”）を使って引用する文章を囲むようにします。記載としては、引用文（著者名『書籍名』出版社名、出版年、ページ数）というような形です。このとき、ページ数を入れることを忘れないようにしましょう。

例

> **「仮処分は裁判と比べ、非常にスピーディーなのである。」**
> （河瀬季『デジタルタトゥー』自由国民社、2017、p.68）

なお、サイトに書かれている文章をコピーして自分の記事に掲載する場合には、自分が書いた文章と引用の文章が明確に区別できるよう、表記の仕方を変えるという方法もあります。

自分の文章と引用の文章を区別する方法

- カギカッコ（「」）や引用符（“”）で囲む
- 背景色を変える
- 枠線を付ける

Web記事はペナルティを受けないように、引用タグ（blockquoteタグ）を次のように使用するとよいでしょう。

例

```
<blockquote>引用文</blockquote>
```

最後に、引用文の下に引用元サイトをURLリンク付きで記載します。参考サイトがわかり、なおかつクリックでそのサイトにアクセスできれば良いのですが、「コンテンツタイトル」「サイト名」などが書かれていれば、親切でわかりやすい表記となります。

Q 1-10

フリー素材だと勘違いしていた……法的責任はある？

会社でウェブサイトを作成するにあたり、従業員が、フリー素材を紹介しているサイトで入手した写真を、フリー素材だと思い込んで使ってしまった。これに対し、著作者から申し入れがあったので、速やかに写真をウェブサイトから削除したけれど、法的責任を問われる可能性はあるのかしら？

A

フリーサイトから入手したものだとしても著作権等を侵害する可能性がある以上、識別情報や権利関係の不明な著作物の利用を控えるべきことは当然です。警告を受けて削除しただけでは、直ちに責任を免れることはできません。権利者から「侵害行為等の差止請求等（著作権法第112条）」や「不法行為に基づく損害賠償責任（民法第709条）」を受ける可能性があります。

フリー素材の落とし穴

ウェブサイトを作成するために、検索エンジンで、「フリー素材画像」や「著作権フリー　画像」などで検索し、表示された画像を使用することがあるかもしれません。

しかし、検索エンジンで検索して表示された画像であるからという理由で、フリー素材だと思い込んで使うことは、実は危険な行為です。なぜなら、検索エンジンで検索して表示された画像は、必ずしもフリー素材というわけではなく、使用するために許諾が必要な画像も表示される可能性があるからです。また、フリー素材を紹介しているサイトに、実はフリー素材ではない画像などが紛れ込んでいる場合もあります。

差止請求を受けてしまう可能性も

フリー素材と信じてフリー素材でない画像などを使用した場合、著作権を侵害するものとして、権利者から以下のような請求を受ける可能性があります。

権利者から受ける可能性のある請求

- 侵害行為等の差止請求等（著作権法第112条）
- 不法行為に基づく損害賠償責任（民法第709条）

差止請求とは、他人の違法行為によって自身の利益が侵害された、また、侵害されるおそれがある場合に、その行為を差し止めるよう求めることをいいます。

著作権の侵害行為に対する差止請求は、次の3種類があります。

差止請求の種類

1：侵害行為をする者に対するその行為の停止の請求

2：侵害の恐れのある行為をする者に対する侵害の予防の請求

3：侵害行為を組成した物、侵害行為によって作成された物またはもっぱら侵害の行為に供された機械や器具の廃棄その他の侵害の停止・予防に必要な措置の請求

このうち、3は、1または2とともにのみ請求することができます。また、差止請求の際には、侵害者に侵害についての故意や過失があることは要件ではありません。

すでに著作権侵害が現実化しており、これを放置しておくと著しい損害が生じる可能性がある場合など緊急性があるときには、裁判所に対して、まず侵害行為の停止を内容とする仮処分を申し立てることもできます。

サイトを削除しただけでは済まない？

なお、著作権侵害行為に対しては、裁判所での民事手続による救済として、侵害行為等の差し止めを求めることのほかに、損害賠償を請求すること、不当利得の返還を請求すること、信用回復のための措置等を求めることが可能です。そして、刑事事件として告訴し、刑事罰の適用を求めることもできます。

したがって、サイトを削除しただけでは済まず、**損害賠償**に発展する場合もあります。民法第709条は次のように規定しています。

> **民法第709条**
>
> 故意又は過失によって他人の権利又は法律上保護される利益を侵害した者は、これによって生じた損害を賠償する責任を負う。

フリー素材と信じていたのだとしても、「他人の権利」である著作権を「侵害」したことに変わりはありません。本来であればライセンス料などを受け取ることができたのに、無断で著作物が利用されている以上、ライセンス料を受け取ることができないので、「損害」も生じているといえます。

なおここで出てくる「故意又は過失」という用語には注意が必要です。あくまで端的に説明するならば、「故意」とは「わざと」という意味であり、「過失」とは「うっかりと」という意味です。つまり「故意又は過失」のために損害を与えたら賠償せねばならないということは、「わざと」でも「うっかり」でもなく損害を与えた場合には、損害賠償しなくてよいということです。「わざと」や「うっかり」はそれなりの注意をしていれば防げますが、それ以外の理由での損害発生を防止するのはどんなに注意しても無理なため、この条文の要件には「故意又は過失」が含まれているのです。したがって、例えばフリー素材であるかのような表示や紹介などをしていた場合などに、「故意又は過失」がなかったと認められる可能性があります。

実際に損害賠償の事例も起きている

実際に起きた事例としては、次のようなものがあります。被告がWebサイトで写真を掲載したところ、写真の著作者であると主張する原告らが被告に対し、不法行為に基づく損害賠償請求と不当利得返還請求をしました。

被告は、適切な方法によりフリー素材として入手したものであるし、写真からは誰の著作物かわからないので過失は認められない、また、原告らの指摘の後、速やかに本件各写真を被告ウェブサイトから削除していると主張しています。

しかしこれに対して、裁判所は、フリーサイトから写真を入手したとしても、出所が不明な写真を利用すれば著作権等を侵害することが予見できるのであるし、警告を受けて削除しただけで、直ちに責任を免れると解すべき理由はなく、責任を免れることはできないと判断し、約20万円の損害賠償を認めたのです 側注2 。

このように、「フリー素材だと思っていた」と主張しても、損害賠償義務が認められてしまう可能性があるので注意が必要です。他者が提供する画像等を利用する場合には、おそらくフリーだとは思うけれど確証はないという状況であれば、使わない方がよいでしょう。確実にフリー素材であるといえるもののみを利用するべきです。

側注 2

東京地裁
平成27年4月15日判決

Q 1-11

クリエイティブ・コモンズ・ライセンスって何？

クリエイティブ・コモンズ・ライセンスと記載されている素材があるけど、どういうものなの？　いろいろなマークがついていて、何がなんだかよくわからない。

A

クリエイティブ・コモンズ・ライセンスは、著作権上のライセンスの一種であり、著作権者以外の人でも幅広く活用できるコンテンツを広げ、創作活動の活性化を目指す運動です。これを無視すれば著作権侵害に繋がる可能性もあるので、利用する前に主要なマークの意味を理解しておきましょう。

クリエイティブ・コモンズ・ライセンスとは？

Web 上で見かける様々な画像素材に、次のようなマークが付与されているのを見たことがある人もいるのではないでしょうか。

このマークが示すライセンスは、**クリエイティブ・コモンズ・ライセンス**（CC ライセンス）というものです。オープンソース（OSS）(⇒Q1-5参照）などと同様に、著作物の利用可能性向上、ライセンス契約の複雑さ・わかりにくさの軽減を目的としています。

しかし、「著作権の問題を気にせず好きなように使ってよい」というような誤解がきっかけで起きる法律上の問題も生じています。例えば国外の事例ですが、オランダにて Adam Curry という芸能人が、自身で撮影した家族の写真を Flickr で、BY-NC-SA 2.0 バージョン公開していたところ、Weekend というタブロイド誌がこれを掲載したことから生じた紛争があります。これについて裁判所は、CC ライセンスの内容をきちんと確認しなかった Weekend 誌の行為は著作権侵害で、損害を賠償する義務があるとの判断を行いました 側注1。

クリエイティブ・コモンズは、それ自体はアメリカを母体とする非営利団体です 側注2。法律的には、この団体自体になにかしらの権限があるわけではありません。しかし、自分の著作物に関するライセンスをどうするかを決めるのは著作権者（通常は創作者と同じ）です。したがって、あえてこうしたマークの意味を無視した利用を行えば、結果的に権利者の意思を踏みにじることになるため、マークの内容を無視した利用は、著作権侵害となる可能性があります。

また、たとえライセンスのマークの意味を理解し、それに沿った利用をしていたとしても、マークから読み取れるのはあくまで著作権者の意向にすぎない点も注意しておきましょう。例えば誰かが撮影した写真が、その被写体として写り込んでしまっていた人の肖像権を侵害してしまうような事案を想定してみればよいでしょう（⇒Q1-11 コラム参照）。マークが付与されていることは、こうしたことへの心配まですべて無用にしてくれるわけではありません。

側注 1

ただしこの事件では、「損害」がないものとされました。

側注 2

creative commomns(CC)
https://
creativecommons.org/

クリエイティブ・コモンズ・ジャパン（CCJP）
https://
creativecommons.jp/

CC マークから読み取れるのは著作権者の意向だけ

CCライセンスの読み方

CCライセンスには４種類のマークがあります。この４種類のマークの意味をおさえれば、後はその組み合わせで多様な意思表示の理解が可能となります。

BY（表示）
作品を複製、頒布、展示、実演するにあたり、著作権者の表示を要求する

NC（非営利）
作品を複製、頒布、展示、実演するにあたり、非営利目的での利用に限定する

ND（改変禁止）
作品を複製、頒布、展示、実演するにあたり、いかなる改変も禁止する

SA（継承）
作品を複製、頒布、展示、実演するにあたり、作品を改変したような場合も勿論のこと、新しい作品にも、元となった作品と同じライセンスを継承させた上で、頒布を認める

この４種類の表記を組み合わせることで、ライセンスに関する意思表示が行われます。以下の例で確認してみましょう。

BY ND
作品を複製、頒布、展示、実演するにあたり、著作権者の表示を要求し、いかなる改変も禁止する

BY NC SA
作品を複製、頒布、展示、実演するにあたり、著作権者の表示を要求し、非営利目的での利用に限定し、作品を改変したような場合も勿論のこと、新しい作品にも、元となった作品と同じライセンスを継承させた上で、頒布を認める

コラム

写真に写りこんでいる人はどうすればよい?

本文の解説で**肖像権**という概念が出てきました。これは、本人の許可なく自分の顔や姿態を「撮影」されたり、「公表」されたりしない権利のことです。一般的に知られた言葉になりましたが、実は法律上の明文化はされていません。判例によって確立されてきた権利で、憲法第13条の**幸福追求権**に基づいています。

憲法第13条

すべて国民は、個人として尊重される。生命、自由及び幸福追求に対する国民の権利については、公共の福祉に反しない限り、立法その他の国政の上で、最大の尊重を必要とする。

侵害すると不法行為による損害賠償（民法第709条）を訴えられる可能性があり、裁判では差止請求が認められたケースもあります。肖像権侵害が成立するかどうかの判断としては、以下の事情が考慮されます。

肖像権侵害の判断基準

1：顔を特定できるかどうか

2：人物がメインになっているかどうか

3：拡散可能性が高い場所に公開されたかどうか

4：撮影や公開の承諾があるかどうか
※撮影と公開については別個の承諾が必要になることに注意が必要

5：撮影されることが予測できる場所であるかどうか

意図しない第三者の写り込みについても、同様の事情を考慮して判断されます。しかし第三者の写り込みは、あとから本人の承諾を得ることが特に困難です。そのため、画像の解像度を落としたり、本人を特定する特徴（顔、体など）をぼかす画像処理を行ったりして、個人が判別できないようにしておくのがよいでしょう。ちょっとした配慮ではありますが、これだけで他者の肖像権という権利を尊重するとともに、思わぬ理由で訴えられるというリスクを回避することができるのです。

Q 1-12

前の会社で開発したプログラムをそのまま使いたいんだけれど……

以前勤めていた会社で開発したプログラムを、新しいプロジェクトでそのまま使いたい……。プログラムを開発したのは自分だけど、これって著作権は自分にあると思って好きに使っても大丈夫？

A

プログラムの場合もその他の創作物と同じく、原則として創作者にいちばん最初に（原始的に）権利が帰属します。しかし、会社の指示で社員が職務上作成したプログラムの場合には、職務著作という制度により、特別な定めがない限りは、創作者ではなく、その雇い主である会社に著作権が帰属します。そのため、会社で開発したプログラムを勝手に使うと著作権侵害になってしまいます。

プログラムを作成したのは誰？

プログラムの場合もその他の創作物と同様に、創作者に原始的に権利が帰属するのが原則です 側注1 。しかし、システム開発では受注者側も多数の作業員が分担しながらプロジェクトを進めていく場合が多いので、まずはプログラムの作成者が誰であるのかを特定することが必要となります。この場合には、受注者側の作業スケジュールなどに記された担当者の欄に記載されている名前や、ソースコードに記されたコメント欄の作成者情報などが有力な手がかりとなることが考えられます。

側注1

所有権の取得方法として原始取得と承継取得の2種類がありますが、原始取得は新しく作られた新築建物などに関する所有権の取得方法であり、承継取得はすでに存在しているものの所有権移転（売買や相続など）に伴う所有権の取得方法となります。

職務著作の権利は原則会社のもの

ただし、プログラムの作成者が自分だと特定することができたとしても、それが**職務著作**に該当する場合には、創作者ではなく、雇い主に著作権が帰属することに注意が必要です。システム開発はたいていの場合には企業主導で進められるプロジェクトになるので、まずはこちらを原則として理解しておくとよいでしょう。著作権法第15条は、職務著作について次のように定めています。

> **著作権法第15条2項**
>
> 法人等の発意に基づきその法人等の業務に従事する者が職務上作成するプログラムの著作物の著作者は、その作成の時における契約、勤務規則その他に別段の定めがない限り、その法人等とする。

条文の内容を整理すると、職務著作は次の要件を満たしている場合に成立することになります。順番に確認していきましょう。

① 著作物の創作が、法人等の発意に基づくものであること

従業員個人が思いついたり、アイデアを出したりしただけでは「法人等の発意」とはならず、法人等の中で企画制作について決定する権限のある者の意思によって決定されていなければなりません。

② 法人等の業務に従事する者であること

使用者と作成者との間に雇用関係がある場合が当てはまります。ただし委任契約や請負契約に基づく場合であっても、雇用関係における指揮監督関係に匹敵する程度の、実質的な指揮監督関係が認められるならばこれに該当します。例えば、フリーライターが出版社の指揮監督下で他の従業員と同じ立場で雑誌記事の作成業務に関与している場合、当該フリーライターは、一般的に「法人等の業務に従事する者」といえるでしょう。

③ 職務上作成するものであること

勤務時間内の職場での作成はもちろん該当しますが、これのみに限定されません。勤務時間外に自宅に持ち帰って作成したものであっても、それが職務に基づいて作成されたものであれば、「職務上作成する著作物」といえます。

④ その法人等の著作名義で公表するものであること

著作物の著作者としての表示に、法人等の名称が表示されている、©マーク等によって、著作者表示がされていることなどが必要です。ただし、プログラムの著作物に関しては例外となっており、公表に関する要件がないことに注意が必要です。それは、プログラムの著作物の場合、公表を前提としないで開発されるものが少なくないため、こうした事情が考慮されたからです。

⑤ 契約、勤務規則その他に別段の定めがないこと

就業規則や雇用契約上、別段の定めがあれば、当該特約が優先するということです。例えば、「権利は従業員に帰属する」と定めた場合などは、会社は著作者にはなりません。

このように職務著作が成立するのであれば、コードを書いた人ではなく、その人の使用者（通常は受注者である企業）に原始的な権利が帰属するのが原則です。職務著作については、開発者と、開発者が所属する企業との間に雇用関係があり、その指揮監督のもとで開発されているような場合には、比較的容易に認められる傾向にあります。

誰に権利があるのかを正しく認識する

従業員が業務中に作成したプログラムであっても、必ず職務著作として会社側が権利を得るわけではありませんが、職務著作が成立するケースがほとんどであると考えてよいでしょう。

退職したエンジニアは、たとえ自分が開発したプログラムであっても、それが職務著作であるなら、著作権者である会社の

許可なく使うことはできません。当然ですが、転職先の会社で使うこともできないわけです。そして、著作権者の許可なくプログラムを使った場合には、著作権侵害となり、新しいプロジェクトの差止請求や損害賠償請求を受ける可能性があります。

そういったトラブルを避けるために、自分が作成したプログラムの著作権が誰に帰属するのかを正しく認識することが何よりも重要です。

コラム

営業秘密のアルゴリズムを持ち出すと罰せられることがある?

職務著作について解説した本節では、主にプログラム(ソースコード)の持ち出しを取りあげました。では、アルゴリズムの持ち出しはどうなのでしょうか? 抽象的なアルゴリズムは、原則的に著作権法の保護対象とならないことはすでに示したとおりですが(⇒Q1-3参照)、ここではそのかわりに、不正競争防止法の営業秘密の持ち出しが問題になり得ます。

営業秘密とは、次の3条件を満たす情報です。こうした情報を会社の許可なく持ち出して利用することは、不正競争防止法違反となるのです。

A. 秘密管理性: 秘密として管理されている

B. 有用性: 生産方法、販売方法その他の事業活動に有用な技術上又は営業上の情報

C. 非公知性: 公然と知られていないもの

アルゴリズムに関する情報も、上記の3条件を満たす限り「営業秘密」に該当することは、ほぼ争いがありません。実際の裁判例でも、アルゴリズムの流用が問題になる事案では、上記3条件が充足されているかが問題とされます。

例えば「接触角計算プログラム事件」では、原告は、表紙に「CONFIDENTIAL」と記載され、全頁の上部に「【社外秘】」と記載されたハンドブック内に記載されていたアルゴリズムが流用されたと主張しました 側注2 。この事案では、裁判所は、当該ハンドブックは原告が営業担当者向けに携帯用として作成したものであることなどを理由に、A. 秘密管理性を否定しました。つまり、秘密管理性は、単純に『CONFIDENTIAL』と書かれてさえいれば認められる、というものではなく、実際の情報管理方法なども踏まえて判断される要素であるということです。

アルゴリズムの流用が違法となるかは、このようにかなり専門的な判断となります。ただ、例えば表紙に「CONFIDENTIAL」と記載されている資料内のアルゴリズムを持ち出して流用することは、やはり一般論としては危険といえるでしょう。

側注2
知財高裁
平成28年
4月27日判決

Q 1-13

前の会社で開発したプログラムに似てきた……大丈夫？

以前勤めていた会社で開発したプログラムを元に、似たようなプログラムを作りたい。権利が前の会社にあると、類似したプログラムでも著作権違反になってしまうの？

A

会社の指示で社員が職務上作成したプログラムの場合には、職務著作制度により、特別な定めがない限りは、創作者ではなくその雇い主である会社に著作権が帰属します。しかし、一致もしくは類似する箇所の量や割合が少ない場合や、一致もしくは類似する箇所が創作的な表現を行いうる箇所でない場合には、著作物を複製等したとは評価されず、著作権侵害にはなりません。

自分が作ったプログラムを「パクった」？

あるシステム開発会社に在籍した社員が、独立した後に「よく似た」別のプログラムを実装して商品化したとしましょう。その際に、前職にあたるシステム開発会社が権利を主張するというようなトラブルがあり得ます。

この場合は基本的に、職務著作制度（⇒Q1-12参照）によって、元のプログラムの著作権はシステム開発会社に帰属すると考えてよいでしょう。「どちらも自分が作成したプログラムなのに……」と奇妙に感じるかもしれませんが、問題になるのは、前のプログラムを「参考にした」のか、それとも「パクった」のかという点なのです。

どこまで似ていると著作権侵害になるのか？

あるプログラムが他のプログラムとの関係で著作権侵害となるか否かを決する際には、以下のようなポイントを確認していくことになります。

なお注意が必要なのは、物事の処理をどのように進めていくかという「手順」や、フォルダ構成などの「ものごとの枠組み・課題の整理の仕方」などに対して著作権は及ばないということです。こういったものにまで私的な独占権が及んでしまうとなれば、それこそ著作権法は「文化の発展」に寄与できなくなってしまうでしょう。あくまでも問題となるのは、プログラムの内容がどこまで似ているのかということです。

1 一致（もしくは類似）する箇所の量や割合がどの程度の量に及ぶのか

客観的な数値上の指標でみた場合に、類似度が高ければ高いほど、著作権侵害は認められやすくなります。一致する行数や文字数といった客観的な比較・検証が、過去の裁判において重視されています。

事例としては、測量業務用のソフトウェアを製造・使用している原告会社が、元従業員が新たに製造したソフトウェアが、原告プログラムについての著作権を侵害すると主張したものがあります。裁判所は、被告プログラムを構成する合計38個のファイルのうち、36個のファイルは原告プログラムにおいて使用されているファイルとほぼ1対1で対応していると述べました。そして、ソースコードの記載が全く同一であるものと、プログラムとして機能する上で実質的には同一のソースコードであるといえるものを合わせると、その割合は全体の90％を下らないと判断しました。よって2つのプログラムの間には、プログラムとしての表現において、実質的な同一性ないし類似性が認められるとして、著作権侵害を認めたのです 側注1。

側注1
東京地裁
平成23年5月26日判決

② 一致(もしくは類似)する箇所が、どの程度創作的な表現を行いうる箇所であるのか

1の指標が「形式」であるとするなら、こちらは著作権法の意義を踏まえた「実質」ともいえるでしょう。すなわち、形式的に一致している箇所において、「それが、その他の表現手法を行いうる箇所か」という観点からも検討がなされています。汎用性の高いライブラリや関数を用いる以外に実装方法が現実的にないような場合であれば、それはありふれた表現手段が個々に採用されただけと見るべきでしょう。

以上より、以前勤めていた会社で開発したプログラムを元に、似たようなプログラムを作り使用していた場合に著作権法違反が裁判で認められると、プログラムの製造、使用または譲渡の差し止め、廃棄を命じられますし、会社に生じた損害を支払わなければならなくなったりして、深刻な問題となる可能性があります 側注2 。

側注2
1であげた裁判例の場合、プログラムの製造、使用又は譲渡の差し止め、廃棄に加え、損害金として3227万3664円の支払いが命じられました。

著作権侵害のリスクを回避するために

前の会社で開発したプログラムと似たプログラムを作ったからと言って、必ずしも著作権侵害になるわけではありません。しかし、それが著作権侵害に該当する場合のリスクを考えれば、軽く考えてよい問題ではないのも事実です。

まずは、以前開発したプログラムの著作権が誰にあるのかをしっかりと把握しましょう。そして、著作権が自分にないけれど、類似のプログラムを作りたいというのであれば、一致・類似するような部分は一部に留める、形式的な部分のみ参考にするなど、著作権の侵害とはならない範囲で開発することが重要です。

コラム

リバースエンジニアリングの法的問題

製品などを分解・解析し、その構造や仕組みなどの技術情報を明らかにすることを**リバースエンジニアリング**といいます。ソフトウェアの分野におけるリバースエンジニアリングは、バイナリファイルをソースコードに復元し、ソースコードの解析によってプログラムの仕組みを調査することを意味します。

プログラムは、特許法や著作権法などによって知的財産として法的に保護される場合があります。そのため、リバースエンジニアリングによってプログラムのソースコードを解析すること自体が第三者の権利を侵害することにならないのか、ということが問題とされます。

まず、検討すべきは特許法です。「発明」を保護し産業発展を促すための法律が特許法ですが、ソフトウェアのプログラムもこの「発明」に該当します。したがって、リバースエンジニアリングの手法でソフトウェアを解析し、情報を活用することが法律に抵触する恐れがあります。

しかし、これについては特許法第69条1項において、「試験又は研究のため」に発明を分析・実行することは特許に抵触しないことが明文化されており、この限りであればリバースエンジニアリングが法律上許されるということになります。

リバースエンジニアリングには、著作権法上も注意しなくてはいけない点があります。創作物としてのプログラムは著作物として保護されるものであり、リバースエンジニアリングによるソースコードの抽出行為は複製などにあたり、「複製権」「翻案権」の侵害に該当する可能性があります。

これについては、平成30年の著作権法改正において、プログラムの調査解析を目的としてプログラムの著作物を利用する行為は、プログラムの実行などによってその機能を享受することに向けられた利用行為ではなく、著作物に表現された思想又は感情の享受を目的としない利用に該当するとして、その必要と認められる限度においては著作権侵害の例外となる旨が明文化されました(第30条の4)。したがって、リバースエンジニアリングは、権利者の許諾なく行うことができる行為であり、著作権侵害とはならないわけです。

ただし、競合プログラムの開発等の特定目的の場合は「著作権者の利益を不当に害する」として許容されない可能性があるので、制限なく認められる行為でないことは理解しておきましょう。

Q 1-14

業務委託で作成したプログラムを次の案件に使い回すのはまずい?

業務委託で開発したプログラムが、他の仕事でも使い回せそう……。 できればそのまま使いたいんだけど、これは問題ない?

A

業務委託よるシステム開発においては、開発費用を支払ったのが委託者であっても、受託者が開発したプログラムの著作権は、原始的には受託者に帰属することになります。業務委託に関する契約書の内容次第ではあるのですが、他の案件での使い回しも含め、著作権者である開発者がプログラムを自由に扱うことができる可能性があります。

報酬の支払いと権利の移転は別問題

職務著作が成立するのであれば、コードを書いた人ではなく、その人の使用者(通常は受注者である企業)に原始的な権利が帰属するのが原則ですが(⇒Q1-12参照)、著作権もその他の私法上の権利などと同様に、移転したり譲渡したりすることが想定される権利です。

ただし注意を要するのは、報酬を払って開発業務を委託したことと著作権の移転は、別問題であるということです。「有償で開発を委託したのだから、納入とともにプログラムの著作権そのものも移転する」と誤解するケースが時折見受けられますが、著作権法上の原則は、「著作にかかる費用を負担した人に権利が帰属する」というものではありません。したがって、発注者が権利まで取得しておきたいのであれば、事前にその旨も取り決めをしておくことが必要となります。

権利の移転の判断基準は?

この点についてもう少し詳しく解説しておきましょう。基本的には次のように理解できます。

権利移転の判断基準

1：権利の移転について取り決めがある

→著作権は作った人に帰属するのが原則。しかし著作権を発注者に譲渡するのかしないのか、受注者が著作権を保持しつづけるのか否かについて取り決めがあればそれに従う

2：契約書があるのに著作権の移転について特に取り決めがない

→あえて契約書に著作権を移転させる旨を明記しないなら、それは原則どおり著作権を移転しない旨の契約が結ばれたものとして扱われるケースが多い

3：契約書そのものがなく、著作権の移転の話を含めて、全般的に取り決めがない

→当事者の意思がどのようなものであったと考えるべきか、事案の中身に即して合理的に判断されるケースが多い

発注者が受注者から権利を譲り受けたと主張する場合には、そうした合意があるという点について、それを主張する発注者側が立証責任を負うことになります。またさらに、著作権を譲渡するのかしないのか、受注者が著作権を保持し続けるのか否かというのは、当事者間で自由に取り決めが可能な事項でもあります。

したがって、こうした点での争いを事前に回避するためには、システム開発を委託する段階であらかじめ、著作権の帰属や譲渡、受注者からの利用許諾の範囲などについても取り決めを行っておくことが好ましいといえるでしょう。

Q 1-15

私のコードが勝手にブログで紹介されている……

プログラムのソースコードを自分のサイトに掲載していたところ、知らない誰かのブログ上で勝手に紹介されているのを見つけた……。これって著作権侵害じゃないの？　やめさせることはできない？

A

ソースコードの掲載が、著作権法第32条に定められた「引用」に該当していれば、適法な行為です（⇒Q1-9参照）。逆に、適法な引用に当たらない掲載である場合には、著作権侵害であるといえるでしょう。そして、著作権が侵害されている以上は、相手方に対して差止請求をすることができます。ただしその前に踏むべきステップをしっかりと押さえておきましょう。

「侵害の停止」を行うためのステップ

著作権法第112条では、著作権侵害の被害を受けた者は、侵害を行う者に対して、「侵害の停止」を請求することができる旨を定めています。つまり、こういったケースであれば、ソースコードを掲載しているブログの管理者に対して、その記事の公開停止を求めることができます（⇒Q1-10参照）。

著作権が侵害されていると判断したら、まずは証拠を残しておきましょう。最終的に裁判に発展してしまう場合も想定し、次のようなものを準備しておく必要があります。

著作権侵害を受けたときに準備しておくもの

- 著作権が侵害されている事実がわかる証拠
- 著作権侵害者のHPや所属など著作権侵害者を特定する証拠
- それが自身の著作物であることが客観的にわかる資料など

なお、いきなり裁判所に持ち込む前に、損害賠償の支払いや著作権を侵害する対象の削除などについて直接交渉するのが通常です。相手の連絡先がわかるのであれば、問い合わせフォームやメールで運営者に連絡をしましょう。運営者の連絡先が不明な場合は、サイトやブログの置かれているサーバーの管理者(ブログサービス事業者やサービスを提供するプロバイダなど)に、侵害情報の削除や運営者・投稿者の情報開示を請求することになります。また、住所などがわかる場合は、内容証明などの書面での交渉も有効です。

権利侵害の上手な伝え方

このとき、特に書式などに決まりはありません。問い合わせフォームなどから送る場合には字数制限もありますので、こちらの要求がきちんと相手方に伝わる内容であれば問題ありません。内容としては、以下を押さえておきましょう。

著作権を侵害している相手へ伝える内容

- 自分の氏名・連絡先
- 自身の著作物を特定する情報
- 相手のどの行為が著作権侵害に該当するのか
- 相手方に対する要求
- 返答方法と返答期限

特に、何が著作権を侵害しているのか、削除を求める対象を相手に正確に伝える必要があります。ブログであれば、そのページの URL だけでなく、ブログ記事の中のどの記載が著作権侵害に当たるのかというところまでわかるように記載する必要があります。また、自身が著作権者であるということが客観的にわかる情報（HPのURLなど）があれば、提示するようにしましょう。

なお、返答期限の設定は必須ではありません。しかし、できるだけ迅速な対応を求めるという点ではもちろん、相手に対応する気があるのかを判断する基準とするためにも、返答期限を記載することは非常に重要です。

〇〇〇〇様

通知人　〇〇〇〇

通知書

貴殿が運営するウェブサイト「〇〇」（以下、「本件サイト」といいます。）において、私が著作権を有するソースコード（自分の HP の URL）が転載されています。

【著作権を侵害するページの URL】

ソースコードが転載されている箇所を引用

私は、貴殿に私のソースコードの転載を許諾したことはなく、また、本件サイトにおける記載は著作権法上の適法な引用に該当するものでもありません。

したがって、本件サイトが私の著作権及び著作者人格権を侵害していることは明らかです。

つきましては、速やかに当該記載を削除することを請求致します。

なお、本通知到達後、〇〇日以内にご対応いただけない場合には、法的手段をとらせて頂くことを念のため申し添えます。

削除いただきましたら、FAX などで結構ですので、ご一報いただければ幸いです。

ご不明な点はお問い合わせ下さい。宜しくお願い致します。

以上

相手方に送る文面の例

それでもやめてもらえない場合は……

メールや書面などで加害者に直接抗議をした後は示談交渉へ進みますが、加害者側が著作権侵害を認めず、請求に応じないこともあります。示談がまとまらない場合には、民事調停や民事訴訟、刑事告訴といった法的な手続きへと移行する、という形になります。これらについては、被害者だけでも対応が可能ですが、法的な問題になることから専門的な知識を持っている弁護士に依頼した方がよいでしょう（⇒Q 3-8参照）。

なお、著作権等に関する紛争が生じた際に、第三者が関与して解決を図る制度としては、文化庁による紛争解決あっせん制度（著作権法第105条以下）側注3 や日本知的財産仲介センター 側注4 が行っている調停や仲介の制度も存在します。当事者だけでは解決できないような場合には、こういった制度の利用も検討することをお勧めします。

ただ、ある程度大きなメディアに掲載された場合などは、多くの人に著作物を見てもらえるという面もあります。そういった場合には、単に著作権侵害であるからと差し止めを要求するよりも、適法な「引用」の形でソースコードを紹介し、自身のブログやWebサイトなどに誘導してもらうよう交渉するというのも、選択肢の一つかと思われます。

側注 3

文化庁「著作権の紛争処理について」
https://www.bunka.go.jp/seisaku/chosakuken/seidokaisetsu/gaiyo/funsoshori.html

側注 4

日本知的財産仲介センター
https://www.ip-adr.gr.jp/

第2章

開発契約の落とし穴

発注者からの理不尽な要求や、納品後のトラブル。
泥沼化しがちなシステム開発の紛争ですが、
ちょっとした法的意識と工夫が、
予防・解決に繋がることも少なくありません。
エンジニアも当事者の一人として、「開発契約」のポイントを
簡単に理解しておきましょう。

Q 2-1

ITエンジニアに関係のある開発契約とは？

契約にも色々種類があるみたいだけれど、システム開発に関係のある契約ってどんな種類があるの？　契約の種類によって、そんなに違いがあるんだろうか。どういった場合にどの契約形態を選べばいいのか、知っておきたい。

A

システム開発に関係する契約形態には、大きく分けて「請負契約」、「準委任契約」、「派遣契約」の３つがあります。これらの契約は、それぞれ適用される義務や負うべき責任が異なっており、仕事の内容によってどの契約形態が適切であるかが変わってきます。特にエンジニアにとって身近な契約である請負契約と準委任契約については、それぞれどういった契約であるのかきちんと把握しておくとよいでしょう。

ITエンジニアに関わりのある契約形態

エンジニアが日々行う業務は一見同じように見えても、それぞれの契約形態によって適用される義務や、それによって求められる管理内容が異なっています。

エンジニアの契約形態としては大きく、請負契約、準委任契約（SES）、派遣契約がありますが、これらの契約形態の中でも特に、請負契約や準委任契約はITエンジニアにとって身近な契約形態です。それぞれどういった契約形態で、どんな点が異なっているのかを理解しておきましょう。

請負契約と準委任契約の２つが重要

請負契約とは、請負人が仕事を完成させる約束をし、依頼主が請負人の仕事の完成に対して報酬を支払うことを内容とする契約です。他方で、**準委任契約**とは、仕事の完成まで任せるのではなく、仕事における一部の作業を委託するという契約です。

両者の最も大きな違いは、仕事を完成させる義務があるか否かという点です。請負契約において受注者は、頼まれた通りの仕様のシステムを成果物として完成させる義務を負うことになり、システムが完成しなかった場合には、発注者は契約を解除して損害賠償請求を行うことができます。そして、成果物を引き渡した後も、その成果物に欠陥があった場合には、受注者が修補や損害賠償の義務を負うことになります。ただ、受注者の義務は「完成させること」に尽きるため、契約書で特に求められていなければ、随時の報告義務などはありません。

一方、準委任契約においては、受注者は一定の水準で委託された業務を行い、求められた際には報告を行うなどして誠実に遂行する義務は負うものの、仕事を完成させる義務そのものはありません。したがって発注者から見ると、仕事が完成しないことを理由に契約の解除をすることはできません。

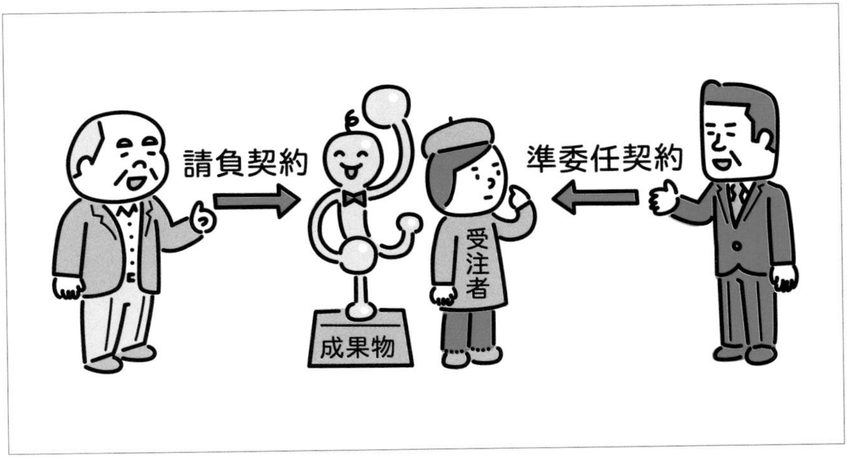

請負契約と準委任契約の違い

請負契約と準委任契約のメリット・デメリット

これらの違いを考慮すると、どちらで契約を結ぶべきなのかというのは悩ましい問題でしょう。受注者・発注者双方に、それぞれの契約類型のメリットとデメリットがあります。まとめると、次のようになります。

<table>
<tr><th></th><th></th><th>受注者</th><th>発注者</th></tr>
<tr><td rowspan="6">請負契約</td><td rowspan="3">メリット</td><td rowspan="3">開発コストを抑えながら品質の高い成果物を完成せることができれば、大きな利益を得られる</td><td>確実に納期と品質が担保され、成果物が手に入る</td></tr>
<tr><td>仕事が完成するまでは報酬を支払わなくてよい（前払いしても返してもらえる）</td></tr>
<tr><td>報酬が固定されるので、追加作業などにより増加した工数の費用負担がない</td></tr>
<tr><td rowspan="3">デメリット</td><td>仕事を完成させるまでは報酬を確実に得ることができない</td><td>仕様が見積もりの段階で確定している必要がある</td></tr>
<tr><td>予算内で成果物を完成させることができなければ赤字になり得る</td><td>開発途中での仕様変更が難しい</td></tr>
<tr><td>契約不適合責任（⇒Q2-8参照）を負う</td><td>損失発生リスク回避のため高額な見積もりを提示されるおそれがある</td></tr>
<tr><td rowspan="6">準委任契約</td><td rowspan="3">メリット</td><td>仕事が完成していなくても報酬を支払ってもらえる</td><td>費用の妥当性が明快であり、請負契約よりも低額な見積もりを期待できる</td></tr>
<tr><td>当初想定していなかった工数が発生した場合、増加した工数の費用負担をしてもらえる</td><td>開発途中での仕様変更に柔軟に対応できる</td></tr>
<tr><td>契約不適合責任（⇒Q2-8参照）がない</td><td></td></tr>
<tr><td rowspan="3">デメリット</td><td>定められた労働時間の中で発注側の期待値以下の成果であれば、信頼度や利益の低下につながる</td><td>仕事の完成まで受注者に責任を負わせることができない</td></tr>
<tr><td>責任範囲が狭いため大きな利益にはなりにくい</td><td>開発の遅れや作業者の増員等が必要になると費用負担が増える</td></tr>
<tr><td>一つの仕事が完了したら別の仕事を探す必要がある</td><td></td></tr>
</table>

どの契約形態を選ぶべきか？

自分にとってどんな契約が適しているのか、きちんと理解した上で契約を締結しないと、想定していなかったデメリットに悩まされることもあるでしょう。例えば、「システムの完成」が目的であれば請負契約、「ノウハウの提供」であれば準委任契約、などといった風に、仕事の内容によって向いている契約形態は異なります。したがって開発対象の難易度や内容、予算、相手方の意向や両者の力関係、そもそも成果物の完成像をイメージし契約書に記載できるかなど、経営面・法的側面から個別事情により判断し、交渉して決すべきです。

そのため、どんな契約形態があるのかを知り、それぞれの契約において負うべき責任・義務を理解しておくことは、契約を結ぶ上で非常に重要なことです。本章では、ITエンジニアに関係する契約にまつわる問題について、取り上げていきます。少なくとも、システム開発において問題となりやすい契約の「落とし穴」については、把握しておくようにしましょう。

コラム

契約自由の原則とは？

本章で取り上げるこの「契約」について、重要な原則があります。それは、**契約自由の原則**というものです。近代法においては、国家はできるだけ私人の生活に干渉すべきではないと考えられています。そこから、私人が生活をしていく際の他人との間で結ばれていく関係も、すべて私人の意志に基づいて自由にされるべきものという「私的自治の原則」が生まれました。さらに、この大原則から、4つの内容から成る「契約自由の原則」が生まれて、私たちがいろいろな契約をする際の基本原則となっています。

契約自由の原則の内容

1. 締結自由の原則：契約をするかしないかは当事者の自由
2. 相手方自由の原則：どんな相手と契約するかは当事者の自由
3. 内容自由の原則：契約内容の決定は当事者の自由
4. 方法自由の原則：契約の方法は当事者の自由

Q 2-2

契約書がないと契約は無効ですか？

システム開発においては、契約書が作成される前に作業を始めることが多いけれど、その場合、契約の成否についてどのように考えられているのだろう。発注者から「プロジェクトが中止になったけれど、まだ契約は成立してないので報酬を支払う必要はない」などと言われてしまうリスクはあるのかしら。

A

原則として、契約成立に必要な法律上の要件は「当事者の合意」だけです。したがって、契約書という形で書面が取り交わされていない場合でも、契約の成立が認められることはあります。しかし、契約書を作成する前に、開発業者が作業をすすめるというフローは、実際問題として「危険」です。発注者からプロジェクトの中止や、他社への乗り換えなどがなされた場合に、証拠がないことを理由に報酬の支払いを受けられなくなるリスクがあります。

契約は法的にいつ成立するのか？

契約が成立すると、両当事者は契約に拘束され、一方の当事者が契約内容を実現しない場合、他方の当事者は、裁判によって、履行を強制したり、不履行に対して損害賠償を請求したりすることができます。

このような契約は原則として、両当事者が**契約の要素**について合意すること（申し込みの意思表示と承諾の意思表示の合致）によって成立します。これは民法で、次のように規定されています。

民法第522条

1. 契約は、契約の内容を示してその締結を申し入れる意思表示(以下「申込み」という。)に対して相手方が承諾をしたときに成立する。
2. 契約の成立には、法令に特別の定めがある場合を除き、書面の作成その他の方式を具備することを要しない。

つまり、法律的に契約が成立するのは、「契約書などの書面を作成したとき」ではないのです。

契約の要素とは?

ここで注意が必要なのは、契約の要素とは何かという点です。契約の要素は、履行を強制し、不履行を認定する対象となる程度に特定されている、または具体的であることが必要であると考えられています。この判断は成立させようとしている契約の性質に左右されるため、個別に見ていく必要があります。

システム開発においては、主に、請負契約および準委任契約が締結されます(⇒Q2-1参照)。どちらの場合も「仕事や業務の内容」および「報酬額」が契約の要素となるので、それについて当事者間の合意があれば、契約の成立は認められます側注1。

つまり理論上は、単なる口約束でも、仕事や業務の内容、報酬額について、双方の意思表示が合致していれば契約が成立し、契約書は必須ではないということです。

側注1

開発対象であるシステムは、様々な工程を経て徐々に具体化されていくことから、請負契約の要素である「仕事の内容」にあたるシステム内容の特定性は、システム化しようとしている範囲と概要がわかる程度の特定で足りると解されています。ただし、仕事や業務内容が抽象的で特定されたとはいえなければ、契約の成立は認められにくいでしょう。

それでも「契約書のない契約」は危険!

ここまで、契約書がなくても理論上は契約が成立する場合があることを確認してきました。しかし実際問題、仕事や業務内容が抽象的で特定されたとはいえないとして、単なる口約束だけでは契約の成立が認められないこともあります。つまり、契約書がない状態は非常に危険なのです。

口頭やメールでの契約においては、確かにその本人が契約の意思を示したのかどうかが第三者にはわからず、契約条項の内容が明確でないことからも、契約成立の証拠が残りません。契約書が取り交わされていない、すなわち契約成立の証拠がない場合、訴訟等では契約成立が認められにくい傾向にあります。

今回のケースのように、契約書がないまま開発を始め、その後プロジェクトが頓挫した場合、実際には契約が成立しているのだとしても、契約があったことを証明できず、受注者は報酬を支払ってもらえないどころか、最悪開発代金を回収できない可能性もあるというのが現実です。

トラブルになったときにこそ契約書が生きてくる!

契約の成立が認められなかった事例も

実際に契約の成立が認められなかったケースとしては、正式には上層部の決裁が必要であったことは双方了解しており、契約書も案文のやり取りにとどまっていたことから、契約は成立していないとされた事例があります（側注2）。さらに、前半フェーズでは書面による注文があったが、後半フェーズでは書面がなかったなどの事情により、後者については契約が成立していないとした事例もあります（側注3）。こういったリスクを踏まえ、何度も取引している相手だからと契約書の作成を怠ったり、契約案のやり取りはしているからと契約締結前に仕事に取り掛かったりということは避けるべきです。

確かに、単なる口約束でも契約は成立します。それでも、契約内容を明確にし、トラブルの際に証拠とするために、契約書は必ず作成するようにしましょう。

側注2
東京地裁
平成20年9月30日判決

側注3
東京地裁
平成19年11月30日判決

コラム

契約書のタイトルの付け方に決まりはある？

実は、契約書の表題（タイトル）には、法的な意味はありません。そもそも、契約書に表題がなければいけないという決まりもありません。ただ、表題がない文書では、一体何の文書であるのかわからないため、基本的には何かしらの表題を付けることになります。では、どういった契約書に、どういった表題を付ければよいのでしょうか。

これについては、端的に契約の内容を表現する表題を付けるのが基本です。タイトル自体に法的効果がなく、契約書本文こそが重要である以上、逆にその契約の内容をシンプルかつ的確に表したタイトルを付けるというのがポイントになるのです。

例えば、ソフトウェア開発業務を委託することに関する基本事項を定めることを目的とする（その後に個別契約の締結が予定されている）契約であれば、一般的には「ソフトウェア開発業務委託基本契約書」となるでしょう。また、請負契約であることをはっきりさせたければ、「システム開発業務請負基本契約書」というタイトルを付ける場合もあります。個別契約を前提としない契約書であれば、シンプルに「業務委託契約書」というタイトルも考えられます。

また、書面の名称についても、「契約書」ではなく「合意書」や「覚書」という名称であったとしても、契約書としての機能は果たします。つまり、極端に言ってしまえば、「覚書」とだけ題された契約書も存在するということです。とは言っても、やはり、法的な効果がなく付け方に制限もないからと抽象的な表現を選ぶより、その契約の内容に適した表題を付けることが望ましいでしょう。

Q 2-3

どうして多段階契約が推奨されるの？

システム開発プロジェクトでは、多段階契約というやり方で契約実務が進められる場合が多いみたいだけど、何度も同じような記載を繰り返すこともあって、面倒じゃないのかな？　一括契約と比べて、どんなメリットがあるの？

A

システム開発プロジェクトの場合、プロジェクトの内容自体もいくつもの工程を経て進んでいくものであり、複雑になりがちです。こうした業務の性質を考えると、契約も複数回に分けて進める方が適切である場合が多くなります。したがって実務上では、工程ごとに逐一契約を締結し直すという手法が非常に好まれます。こうした契約のやり方が多段階契約とも呼ばれるものです。経産省が提供するモデル契約も、こうした多段階契約に基づくものとなっています。

多段階契約とは何か？

システム開発でよく用いられる契約は、請負契約と準委任契約の２種類ですが（⇒Q2-1参照）、この２つを各工程の性質に応じて個別に使い分けながら全体を取り仕切っていくことが望ましいとされています。このように、複数にわたって締結される請負契約・準委任契約の総体として一連のプロジェクトをとらえていくのが、**多段階契約**に基づく契約実務です。

多段階契約では、より一般性が高く、汎用性の高い取り決めを**基本契約**として抽出し、工程ごとに区別して個別に取り決めをすべきところは**個別契約**として基本契約の下位に置きます。基本契約書にひとまとめに書いておくことの多い事項としては、例えば次のものがあります。

一般的に基本契約書にまとめられる事項

- 何度も繰り返し用いる用語の定義
- 個別契約を締結する際の、手続きのやり方
- 実現すべき仕様を事後で変更する際の、その方法
- 工程ごとの成果物の納入・検収のやり方
- 秘密保持のあり方

各工程になじみやすい契約形式

それではシステム開発全体の流れから、請負契約・準委任契約になじみやすい工程をそれぞれ見ていきましょう。下の図は、企画から結合テストまでの工程を簡単に表したものです。

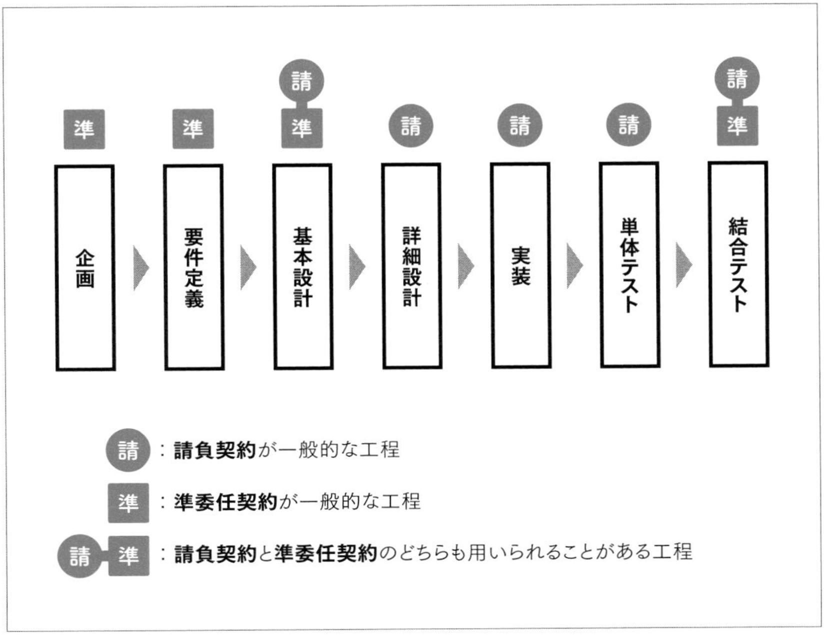

システム開発の各工程となじみやすい契約の形式

詳細設計、プログラムの実装、単体テストなどは、請負契約が用いられるのが一般的です。こうした工程が請負契約によくなじむ理由は、請負契約が「仕事の完成」という結果を債務の履行要件として重視するものであり、工程の性質としても「完成」の要件を具体化しやすいことにあります。

一方で、システム開発の前段階における企画や、要件定義といった段階は、準委任契約がよく用いられる傾向があります。こうした工程の特徴は、「仕事の完成」の要件を明確化するのが容易でない場合が多く、両当事者の信頼関係が契約の基礎となっていることが多い点にあります。

基本設計・結合テストなどの工程では、プロジェクトの性質に応じて、準委任・請負いずれも用いられます。こうした工程でどちらの契約を選択すべきかについては、発注者の協力がどの程度必要となるかが一つのポイントとなります。つまり、要件定義段階で発注者が決定しなかった部分が多い状態で基本設計に入るケースなど、基本設計の段階でも発注者に設計の仕様策定に協力してもらう必要性が高い場合は、準委任契約を選択すべきです。結合テストに関しても同じ発想となります。

多段階契約のメリット

では、こうした多段階契約というやり方を採用するメリットはどこにあるのでしょうか。大きく分けて、次のメリットを挙げることができます。

メリット1：開発プロジェクトの流動性に対処しやすい

プロジェクトの開始時点では、最終的な目標が必ずしも明確にはなっていないのですが、不確定な要素を含んだプロジェクトであるなら特に、契約締結時点で一括にすべての義務を相互に約束しあうのは困難になりがちです。各工程に分割する方が、双方にとって無用なリスクを引き受けずに済み、またスムーズに商取引を進めやすくもなります。

メリット２：見積もりを正確に行いやすい

事後に仕様変更がなされたら、見積もりを変更しなければならなくなることがありえますが、修正が必要になるような見積もりであるのなら最初から行わず、一回で完了することがベストです。多段階契約であれば工程ごとに分割して契約する分、見積もりが正確に行いやすく、事後の見積もり変更を起きにくくすることが期待できます。

メリット３：報酬を支払う側からみても金額の妥当性が理解しやすい

一括契約では見積もり金額の説明機会が、最初の契約締結時だけとなってしまうことが想定されます。これでは発注者にとって、支払い段階で当初の見積もりと実際の支払い金額に相違が生じた理由が理解しづらいものとなります。よって多段階契約は発注者にとっても、一定のメリットがあるといえます。

このように、多段階契約は、公平かつ明確なかたちで両者の合意を形成していくのに適しており、後々のトラブルの予防にも効果があります。

なお、経済産業省が公開している「情報システム・モデル取引・契約書」（経産省モデル契約）においても、工程ごとに個別契約を締結する多段階契約の考え方を採用しています 側注１。小規模ですぐに業務が終わることが自明なら一括契約でよいという考えは成り立ちえますが、一定以上の規模のプロジェクトであれば、当然のものとしてこうした手法を用いるようにしましょう。

側注 1

「情報システムの信頼性向上のための取引慣行・契約に関する研究会」～情報システム・モデル取引・契約書～ https://www.meti.go.jp/policy/it_policy/keiyaku/model_keiyakusyo.pdf

Q 2-4

システム開発の受注者が負う法的な義務とは？

システム開発全般において、受注者はそのプロジェクトに対し、どのような義務を負っているのだろう。またこのような受注者の義務は、どの段階から課せられることになるの？

A

システム開発について受注者は「プロジェクトマネジメント義務」を負っているとされています。これに反すると債務不履行責任を問われる可能性もあり、プロジェクト進行の管理は法的にも重要な問題です。さらにこの義務は、契約が締結する前段階であっても課せられる場合があると考えられています。

システム開発における受注者の法的義務

すべてが計画通り・想定通りに進むプロジェクトというのはあまりありません。大なり小なり、多くのトラブルや課題に見舞われつつも、一つずつそれを乗り越えながら進んでいくということがほとんどでしょう。このようなシステム開発全般に対して受注者は、**プロジェクトマネジメント義務**を負っていると考えられています。

これについては、なにか明確な条文があって、「プロジェクトマネジメント義務とは、このようなものである」という定義がなされているわけではありません。しかし過去の裁判例からある程度一貫したスタンスを読み取ることができます 側注1 。

整理すると、プロジェクトマネジメント義務とはおよそ次のようなものであると考えることができるでしょう。

側注1
東京地裁
平成16年3月10日判決

> **プロジェクトマネジメント義務の内容**
>
> - 事前の計画（開発手順・手法・工程など）に沿って実作業を進めること
> - 実作業が円滑に進んでいるかどうかの進捗管理を行うこと
> - もし実作業が円滑に進まなくなるような「阻害要因」があるなら、その発見と対策を適宜講じていくこと
> - 受注者側の単独の努力だけではなく、必要な協力を発注者に適宜求めるなど、コミュニケーションの努力も同時に行うこと

債務不履行責任が問われる可能性も……

このようなプロジェクトマネジメント義務に反すると、**債務不履行責任**を問われる可能性があります。債務不履行責任は、契約に基づく義務（債務）があることを前提に、その義務が適切に履行されていない場合に負う責任のことです。債務不履行の類型としては、次のようなものがあります。

> **債務不履行の類型**
>
> - **履行遅滞**：履行が期日に遅れた場合（⇒Q2-7参照）
> - **履行不能**：履行ができなくなる場合
> - **不完全履行**：本旨に沿った履行ができていない場合

プロジェクトマネジメント義務を果たさず、債務不履行となった場合には、それによって生じた損害について損害賠償請求をされる可能性があります。システム完成前から発注者がすでに整えていた設備にかかった資金や、納期が遅れたために既存のシステムのリース契約を延長せざるを得なくなった場合の費用などが例として挙げられます。

また債務不履行があった場合、発注者に契約を解除する権利が発生することも考えられます（⇒Q2-9参照）。すでに支払

われている金銭は全額返さなければいけませんし、そこまでにある程度の作業をしていたとしても1円ももらえなくなってしまいます。そのうえで、上述の損害賠償請求を受ける可能性もあり、契約解除はなんとか避けたいところです。

債務不履行に陥らないためには、プロジェクトの進捗をしっかりと把握し、管理するということが重要です。進捗が遅れそうなときや、技術や体制面での問題からプロジェクトがうまく進まないときは、それをいち早く察知し、リスクや課題を抽出、対応策を提案しなくてはいけません。発注者は自分たちの要望がどこまでシステム開発に悪影響を与えるのかわかっていない場合が多く、だからこそ、受注者側がしっかりプロジェクトを管理することが求められます。

契約締結前にも義務があることに注意

なおここで注意が必要な点があります。それは、プロジェクトマネジメント義務は、契約締結の前段階であっても課せられると考えられているという点です。

契約締結前の企画・提案段階について考えてみましょう。プロジェクトの目標の設定、開発費用、開発スコープおよび開発期間の組立て・見込みなど、プロジェクト構想と実現可能性に関わる事項の大枠が定められるのはこの段階です。これを遂行するためには、受注者によるプロジェクトの立案・リスク分析が不可欠といえるでしょう。したがって受注者は契約締結前であっても、自ら提案するシステムの機能、発注者のニーズに対する充足度、システムの開発手法、受注後の開発体制などを検討・検証して、そこから想定されるリスクについて、発注者に説明する義務があるとされるのです。

例えば「スルガ銀行・IBM 訴訟」では、個別契約の大半が未締結であったことから、受注者の債務不履行は認められなかったものの、企画・提案段階でのプロジェクトマネジメント義務違反による不法行為があったとし、41億円の損害賠償を認めました 側注2 。

側注2
東京高裁
平成25年9月26日判決

「信義則」という考え方

これはIT系のプロジェクトの話題に限ったことではありません。あらゆる商取引・法律が関係する交渉事全般では、契約が締結される前段階においても、相手方の信頼を裏切ることのないように行動する法律上の義務が存在すると考えられています。これは法律用語で**信義則**と呼ばれ、民法でも第１条で規定されている重要な考え方なのです。

> **民法第１条２項**
>
> 権利の行使及び義務の履行は、信義に従い誠実に行わなければならない。

したがって、たとえ企画や提案の段階という契約締結に向けた交渉過程であっても、発注者に対して誠実に向き合い、説明義務を果たすことが求められます。

「誠実であること」の義務

Q 2-5

発注者が開発に協力してくれない場合はどうすればよい?

多数の人手や工数が必要なITシステムなのに、「自分達はIT技術の専門家ではないから」という理由で発注側が積極的な情報提供を行ってくれず、プロジェクトの進行がスムーズにいかない。こんなときは、どうすればいいの?

A

システム開発の仕事は、開発されるシステムが大規模であればあるほど、多数の人手や工数をかけて行う必要が出てくるものです。したがってそこでは、開発を引き受ける受注者側だけでなく、システム開発を発注する側にも一定の協力義務が課せられます。発注者側も「すべて丸投げ」では済まされないということを踏まえて、協力を引き出すための対策を講じましょう。

システム開発には発注者の協力が不可欠

システム開発は受注者と発注者の共同作業です。受注者側がどれだけ高い技術力と組織力を持っていても、受注者側だけの力でシステム開発がやり遂げられるわけではありません。

システム開発は一般的には、企画・提案段階を経て、開発の要件が定義され、契約が締結されます。そして契約締結以降は、各種設計を経て、設計通りに実装がなされる工程を終え、最後にテストを行って終了するという流れをたどるのが一般的です。すでに見たように、受注者側はシステム開発の専門家として、これらの広範な過程に対してプロジェクトマネジメント義務(⇒Q2-4参照)を負っています。

しかし、システムが持っておくべき機能の洗い出し(=要件定義)や、画面側の外観や操作感(=基本設計)、そして要件通りのものができたかどうかの確認（＝テストもしくは検収）といった工程では、発注者側の協力が重要となってきます。したがって、発注者側も専門家ではないからという理由で受け身になるのではなく、積極的に情報提供を行わなければ、プロジェクトの進行はスムーズにはいきません。この意味では、システム開発プロジェクトにおいて発注者側が負っている役割というのは、決して小さなものではないのです。

法的観点から見た発注者の協力義務

では法的観点から見たとき、システム開発プロジェクトにおいて、発注者が負っている**協力義務**とはどのようなものなのでしょうか。受注者の納期が遅れた件について、その原因が発注者の意思決定の遅延などにあったことから、発注者の開発に対する協力義務の有無が争点となった裁判例があります。

これについて裁判所も、システム開発契約では、受注者のみではシステムを完成させることはできないとの考えを示しました。そして、開発過程において内部の意見調整を的確に行って見解を統一した上、どのような機能を要望するのかを明確に受注者に伝え、受注者とともに最終的に機能を決定することを発注者に求めています。さらに、画面や帳票を決定し、成果物の検収をするなどの役割を、発注者が分担することも必要であると判示しています側注1。

このような協力義務が課せられていることからすれば、発注者はこの義務に反すれば債務不履行や不法行為に基づく損害賠償請求を行われてしまう可能性もあります。

側注1
東京地裁
平成16年3月10日判決

仕様確定後の変更は協力義務に反する？

では、発注者が事後的に機能の追加や修正を何度も依頼し、それによって納期に間に合わせることが困難となったような場合は、誰の責任になるのでしょうか。

発注者はシステム開発の専門家ではないので、開発するシステムの内容が明確になるまでの期間は、小出しにバラバラと注文を出すことがあっても当然です。その注文内容が納入期限などの見直しを要する場合、そのことに自力で気がつくべきというのは酷でしょう。

しかし、仕様が確定した後に注文内容を変えたり追加したりすることは、作業のやり直しを強いる可能性が高いものです。さらに、多くの仕様変更や機能追加が事後で発生するといった事態は、そもそも事前にすでに完了していたはずの基本設計などの上流工程でも、発注者側の協力義務違反があったのではないかという疑問を生じさせます。特に、納期の遅れから契約解除まで発展してしまったような場合には、その責任を受注者に負わせるのは不合理です。

こうした点からも、仕様が一度確定した後に行った仕様変更については、それが原因の納期遅延を受注者側の責任とすることは現実的ではないと考えられています側注2。ただし、仕様変更の際に、納期の見直しを求めるなど、最終的な納期に間に合わせる義務は受注者側にもあるとされており（⇒Q2-7参照）、その点は注意が必要です。

側注2
東京地裁
平成16年3月10日判決

発注者の協力を得るためのポイント

ここまで述べてきたように、発注者側には「協力義務」があります。しかし、発注者がシステム開発の専門家でない以上、思うような協力を得られないのも現実です。

したがって、受注者の側にも、納期に間に合わないと判断した時点で納期の延期を要望したり、納期が動かせない場合には追加の要求そのものを取り下げるように提案したりといった、コミュニケーションの努力が求められます。

発注者と受注者では、開発業務に対する理解度に大きく開きがあり、システム開発についてはよくわからないからと、受注者に丸投げしてしまいたい発注者も少なくありません。こういった発注者からの協力を得るには、開発業務について十分に情報を提供し、発注者側もシステム開発の当事者であることを意識させ、協力関係を築くことが大切です。

コラム

みなし検収条項の効力
発注者が納品を受け付けてくれないときは……

システム開発プロジェクトにおいて**検収**とは、受注者側が納品してきた成果物に対し、目的に適う仕様となっているかなどを発注者側が検査・点検していくことです。開発者の目線でいうならば、本当に仕上がったかどうかを確認するという意味で、テスト工程と位置付けることもできるでしょう。実際の契約のやり方としても、検収の合格を報酬の支払い条件としているものが、多く見受けられます。

それ故に、この検収におけるトラブルは受注者・発注者双方にとって重大です。例えば、受注者が作り上げた成果物を提示しているにもかかわらず、発注者側の受付担当者が多忙などの事情により、検収に応じない場合はどうなってしまうのでしょうか。

こうした場合を想定して、システム開発の契約書にはよく、**みなし検収条項**と呼ばれるものが盛り込まれています。これは発注者側に成果物が提示された際、一定期間内に検収を行わない場合には、検収に合格したものとみなすという意味合いの条項を指します。成果物をせっかく作り上げたにもかかわらず、納品を受け付けてもらえず、プロジェクトが完了したか否かが判然としないまま曖昧な立ち位置に置かれるといった事態を防ぐことを目的として設けられます。

なお、経産省モデル契約（第一版）（⇒Q2-3参照）では、みなし検収条項について次のように明記されています。

経産省モデル契約（第一版）第28条第3項

検査合格書が交付されない場合であっても、検査期間内に甲が書面で具体的な理由を明示して異議を述べない場合は、本件ソフトウェアは、本条所定の検査に合格したものとみなされる。

検収で深刻なトラブルを起こさないためにも、発注者・受注者ともに、みなし検収条項についてよく理解しておくべきでしょう。そして、検収が円滑に進まないといった事態を想定して、事前の契約段階から、両者ともに検収にかかわる規定については特に、意識のすり合わせを綿密に行っておくことが大切だと考えられます。

Q 2-6

頻繁な仕様変更……法的観点から上手く対応する方法は？

現在行っているシステム開発プロジェクトでは、頻繁に仕様変更の必要が出てくるので困っている。後でトラブルや揉め事になっても困るし、法的な観点からは、どうすればうまく対応できるのだろう。

A

システム開発プロジェクトでは、仕事が進む過程で仕様の変更や追加が必要になるということが往々にして起こります。その結果、一度締結した契約について、後から契約内容の変更が生じることがあります。そうした場合に、後で「言った・言わない」の問題にしないためにも、発注者側は、詳細かつ具体的に変更の経緯を記録した変更管理書を作成すべきです。

後から出てくる変更にどう対応するか？

システム開発の専門家でもない発注者が、常に計画性を持って、システム開発に必要な情報を不足なく網羅的に受注者に伝えきれるかといえば、そうではありません。現実には、細かく緻密な作業であるが故に、どういった事実が後の工程において決定的な意味を持ちうるかなどは、発注者にも予測しえないことが多いものです。そのため、重要な事実ほど後から小出しに出てくるといった事態にもなりかねません。こうした事情から、現実のプロジェクトでは、「上流工程から下流工程まで一気通貫」というのが理想ではありつつも、事後で様々な変更が行われうるという想定のもと、変更管理をいかにして行うかということが重要になってきます。

変更管理書の重要性

変更管理書とは、発注者が受注者に対し、事前にしていた説明の内容から、仕様の変更や機能の追加を依頼する際に用いる文書のことをいいます。この変更管理書を利用して、仕様変更・機能の追加に応じるという仕組みは広く認知されています。

変更管理書があるとき、ないとき

変更管理書が必要となる場面の例としては、次のようなものを挙げることができます。

変更管理書が必要になる場面

- 要件定義や基本設計で検討に漏れがあり、事後で機能の追加をリクエストする場合
- 開発の途中で、事業の方針などに見直しが行われ、仕様変更が必要となる場合

機能の追加・仕様の変更といった話題に関連していうと、仕事を受ける側にとってなにより気になるのは、見積もり金額の変更が法律上認められるのかどうかという点でしょう。変更管理書は、こうした事後的な見積もりの増額を行う際に、その内容

の妥当性を推し量るための根拠にもなります。後で増額された見積もりに基づいて請求を行う際、相手方と揉め事を起こさないためにも(また揉め事になった際に自身の言い分に説得力を持たせるためにも)、変更管理書の作成が重要になるというわけです。

「課題管理表」もあわせて更新すること

変更管理書を作成する理由は、変更履歴を管理することによって、プロジェクトを達成に導くこと(あるいは、達成に導けなかった場合に、不当な責任追及を回避すること)にあるといえます。そうした目的を達成するために実務上は、変更管理書の作成は、課題管理表の作成・更新とセットで行われることが多いものです。すなわち、変更履歴を変更管理書で管理したら、その合意された変更項目は、今後取り組むべき課題として課題管理表の項目に取り込まれることになります。

なお課題管理表には、最低でも以下の項目が必要になってきます。変更にともなって発生した課題を放置してしまうと「炎上」にも繋がりかねないため、変更管理書とあわせて、課題管理表で課題をしっかりと管理していく必要があります。

課題管理表に必要な事項

- 課題の名前
- 課題の内容(詳細)
- 担当者
- 期日
- 優先度
- ステータス(未着手、対応中、完了など)

変更管理書に記載する内容と具体例

それでは変更管理書には具体的に、どのようなことを記載すればよいのでしょうか。経産省モデル契約などの、官庁が示す契約条項の雛形を確認することで、どのような事項を記録として残すべきかがおおむねわかるようになっています。

経産省モデル契約第37条（変更管理手続）

甲又は乙は、相手方から第34条（システム仕様書等の変更）、第35条（中間資料のユーザによる承認）、第36条（未確定事項の取扱い）に基づく変更提案書を受領した場合、当該受領日から○日以内に、次の事項を記載した書面（以下「変更管理書」という。）を相手方に交付し、甲及び乙は、第12条所定の連絡協議会において当該変更の可否につき協議するものとする。

①変更の名称

②提案の責任者

③年月日

④変更の理由

⑤変更に係る仕様を含む変更の詳細事項

⑥変更のために費用を要する場合はその額

⑦検討期間を含めた変更作業のスケジュール

⑧その他変更が本契約及び個別契約の条件（作業期間又は納期、委託料、契約条項等）に与える影響

必要な記載事項を明記のうえ、発注者側と受注者側双方の責任者・決裁者の署名ないしは捺印などとセットになることで、万一裁判になるようなことがあろうとも、証拠として契約書と同等の意義をもつことになるというわけです。

また、変更管理のやり方だけでなく、変更に関する協議の行い方についても、あわせて規定を設けておくと、変更の対応がスムーズにいくことが期待できます。

Q 2-7

納期に間に合わず委託元から要求が来た……どうなる？

開発の途中でいろいろな問題が発生し、納期に間に合わない可能性が出てきてしまった。発注者からは「納期遅延は困る！　必ず納期を守るように」と要求されているんだけど、どんな場合にも納期は守らなければならないものなの？

A

法的な観点からは、そもそも受注者と発注者が契約を交わした時点で、受注者にはシステムを納品する義務（＝債務）が発生します。そして、その債務を履行すべき時期について、制限を設けたものが納期です。したがって納期の遅延は、債務不履行の一類型である履行遅滞にあたるといえます。つまり、受注者は故意・過失を原因とする納期の遅延に対しては、履行遅滞による債務不履行責任を負うことになってしまいます。

システム開発における納期とは？

一般的な意味の**納期**とは、顧客から求められたプロダクトを納品するための期日を指します。予想外のトラブルなどに見舞われることがある意味前提となっている開発現場においても、納期は厳守とされる場合が少なくありません。特に受注者側と発注者側で力関係に差があるような場合には、納期厳守の傾向は一層顕著なものとなることが多いと考えられます。

納期に遅れた場合には、超過分に応じて割引を行なったり、超過作業分については請求せずに無償化を行なったりということもあるかもしれません。いずれにしても一般的な意味における納期とは、取引先との信頼関係の維持のために重視されるものです。

納期が持つ法的な意味とは？

このような「納期」は、法的な観点から見ると、どのような意味を持つのでしょうか。

そもそも受注者側と発注者側で契約を交わした時点で、受注者にはシステムを納品する義務（＝債務）が発生します。そして、その債務を履行すべき時期について、制限を設けたものが、法的な意味の納期です。すなわち、納期の遅延は、債務不履行の一類型でもある、**履行遅滞**にあたるものであるといえます。つまり、受注者側の故意・過失を原因とする納期の遅延に対しては、履行遅滞による債務不履行責任（民法第412条）を負う可能性があります。

民法第412条

1. 債務の履行について確定期限があるときは、債務者は、その期限の到来した時から遅滞の責任を負う。

2. 債務の履行について不確定期限があるときは、債務者は、その期限の到来した後に履行の請求を受けた時又はその期限の到来したことを知った時のいずれか早い時から遅滞の責任を負う。

3. 債務の履行について期限を定めなかったときは、債務者は、履行の請求を受けた時から遅滞の責任を負う。

もっとも、「納期に間に合わなかった」という表面的な事実が、必ずしも債務不履行としての履行遅滞を意味するわけではありません。納入遅れという事態が法律上の履行遅滞となるためには、次のような条件を満たす必要があります。

法律上の「履行遅滞」となる条件

- 納期が単なる目安などではなく、契約内容の一部として、契約を結ぶ当事者間で確約されたものであること
- 納期の遅れが、受注者側の故意・過失に基づくものであり、受注者側に帰責事由があること

「納期に間に合わない＝債務不履行」というほど話は単純ではないということです。一口に納期の遅れといっても、それが受注者のせいである場合から、発注者のせいである場合まで、理由は様々なものが考えられます。形式的事実としての「締切の遅れ」と、実質的な義務違反を構成する「履行遅滞」では、概念としてはだいぶ開きがあるのです。

履行遅滞の原因はどちらにあるか？

システム開発が発注者側と受注者側の両方が義務を負って行うプロジェクトとなることが通常であることからすれば、ともに義務違反が認定され、損害賠償が相殺されるという形で決着がつく場合もあります。

例えば、受注者の納期遅れについて履行遅滞を認めつつ、その原因の一部は発注者が受注者から出された懸念事項を解決しなかった点などにもあるとして、発注者が主張した損害のうち、6割分を「カット」する形で発注者の請求を認めた裁判例があります側注1。これは、被害者側にも非がある交通事故の場合と同じ、**過失相殺**という処理です。

側注1

東京地裁
平成16年3月10日判決
「適切なプロジェクトマネージメントを欠いた点」があったと認定し、過失相殺に関する定めを置いた民法418条を類推適用し、損害賠償請求である開発代金3億4650万円について6割の過失相殺を認めました。

「痛み分け」の解決が行われることも

システム開発における「納期」の問題とは結局のところ、受注者のプロジェクトマネジメント義務（⇒Q2-4参照）と発注者の協力義務（⇒Q2-5参照）の境界をいかに、どこで引くかの問題であるといえます。そして、結果として顕在化した被害事実（＝納期の遅れに伴って発生する発注者側の損失）が、受注者に帰責可能か否かを検討するためには、同時に発注者の協力義務をいかに解するかも見ていく必要があるというわけです。

納期との付き合い方

納期の遅滞は、法的に望ましくない帰結を生じさせてしまう可能性があることを確認してきました。さらにシステムの完成が納期に間に合わなければ、プロジェクト自体が頓挫してしまうことも考えられます。そういった事態を避けるために、納期に間に合わないということが起こらないよう努める必要があります。

まず、納期や見積もりが甘い場合は、当然リスクが高まります。受注の段階で、提示された納期が現実的なものであるのかきちんと見極めましょう。

また、当初の予定では守れるはずであった納期が、仕様の変更や追加によって厳しくなってしまうということもあります。そういった場合には、変更や追加によってスケジュールの遅延が生じる旨を発注者に説明し、納期の見直しを要望するなど、最終的に定められた納期に遅れないように開発を進めるべきです。受注者がこの義務を怠ったために、納期遅延の理由が発注者側の都合による仕様変更や仕様追加であっても、受注者が全面的に責任を負わないわけではないとされた裁判例もあります 側注2 。

これは納期の話に限りませんが、紛争を避けるために重要なのはコミュニケーションです。何か問題が発生した場合や、納期に間に合わない可能性が出てきたような場合には、速やかに発注者に相談し、協議するということが大切です。

側注 2

東京地裁
平成25年11月12日判決

Q 2-8

作ったシステムの不具合が指摘された！ 責任は誰がとる？

完成したシステムを納入したのに、発注者から「操作方法が難しい、処理速度が遅い、発注した機能が備わっていない」と指摘され、契約を解除するとか、不具合を直すまで報酬を支払わないなどと言われている。いったいどうなってしまうのだろう。

A システム開発を請負契約で締結する場合、受注者は原則として、契約不適合責任を負います。納品したものが契約内容に適合しないものであるならば、不具合の修補や損害賠償の請求、契約解除、代金減額請求がなされるおそれがあります。

契約不適合とは何か？

作ったシステムの不具合が問題になった場合、システムが契約の内容に適合したものであるかどうかが論点になります。受注者はこのような**契約不適合**に対する責任を負っているため、システムの納品後であっても法的な責任を追及される可能性があります（側注1）。

> **民法第562条1項**
>
> 引き渡された目的物が種類、品質又は数量に関して契約の内容に適合しないものであるときは、買主は、売主に対し、目的物の修補、代替物の引渡し又は不足分の引渡しによる履行の追完を請求することができる。ただし、売主は、買主に不相当な負担を課するものでないときは、買主が請求した方法と異なる方法による履行の追完をすることができる。

側注1

なお、この契約不適合責任とは、民法改正前は瑕疵担保責任として定められていたものです。基本的には、「瑕疵」という言葉が「契約不適合」という用語に置き換わっただけであり、この点について実質的な変更はないといえます。瑕疵という言葉は「期待する性能がないこと」と解釈されており、現行法における契約不適合も瑕疵と同じ意味だと考えられています。

システム開発における契約不適合は、基本的に、請負契約の場合に完成したシステムが仕様と一致していないことを指します。準委任契約の場合は、成果物を完成させることが義務ではなく、業務を処理することが契約内容であるため、納品後の不具合に関する責任はありません。

問題は仕様書との不一致だけではない？

ただしこの契約不適合は、必ずしも仕様書との不一致に限定されるわけではありません。契約不適合責任の条文は、「目的物が種類、品質又は数量に関して契約の内容に適合しない」ことを契約不適合と定めているのであり、論理的誤りを含む場合や一般常識に照らして著しく品質を欠くものについても、契約不適合と評価する場合があるのです。ただし、システム開発における目的物の品質を具体的に定義することは難しく、この定義を巡って発注者と受注者が争うケースが想定されます。

裁判例では、開発したシステムに不具合が発生することは不可避であることを理解しつつ、瑕疵に当たる場合と当たらない場合を以下のように例示しています 側注2 。契約不適合責任においても、これは大きく変わらないと考えてよいでしょう。

側注2
東京地裁
平成14年4月22日判決

瑕疵（契約不適合）に当たる場合

- 不具合がシステムの機能に軽微とはいえない支障を生じさせる上、遅滞なく修補することができない場合
- 不具合の数が著しく多く、順次発現してシステムの稼働に支障が生じるような場合

瑕疵（契約不適合）に当たらない場合

- 遅滞なく修補した場合または代替措置を講じた場合
- 特定個人が操作方法を容易に理解できなかった場合
- 受注者の仕事以外が原因で不具合が発生した場合
- 発注者の指示により不具合が発生した場合

今回のケースの場合は、「発注した機能が備わっていない」と言われている以上、納品したシステムが契約内容に適合したものでないことになります。

また、「操作方法が難しい」「処理速度が遅い」といった点についても、通常有すべき品質・性能を満たしていないといえる場合には、契約不適合に当たる可能性があるので注意が必要です。このような不具合の発生を避けることは難しく、常に何かしらの不具合が生じる可能性を考慮しておくべきです。そして、何かしらの不具合が生じた際に、速やかに対応することが求められます。

なお契約不適合責任を負うべき範囲は、契約書によってある程度コントロールすることができます。契約不適合があった場合に備えて、納品後にカバーしうる責任の範囲を考え、適切に契約で制限しておくと有利になるでしょう。

契約不適合がある場合の法的責任

では、契約不適合がある場合、発注者から何を主張、追及されることになるでしょうか。契約不適合責任の規定は任意規定 側注3 であり、当事者間の特約により、責任内容を修補のみにするなど限定したり、責任を負う期間を短くしたりすることができますが、こうした特約がない場合には、民法の契約不適合責任の規定が適用され、発注者から以下の主張を受ける可能性があります。

側注3
この反対が、当事者の意思に左右されずに強制的に適用される強行規定であり、強行規定に反するような契約をした場合には、その契約はその部分について無効とされます。

契約不適合の場合に主張を受ける可能性があるもの

- 追完請求（修補請求）⇒民法第562条
- 損害賠償請求⇒民法第564条
- 契約解除⇒民法第541条・542条
- 報酬減額請求⇒民法第563条

また、発注者は**同時履行の関係**に立つため、受注者が追完や損害賠償を行うまで、報酬の支払いを拒絶できます。これは、発注者が報酬を支払う債務と、受注者が契約に適合したシステムを納品する債務が同時に履行されなくてはいけない、という関係です。

なお、追完請求、損害賠償請求、解除、報酬減額請求がなされ得るのは、発注者が「その不適合を知った時」から1年以内にその旨を通知された場合となっています。

コラム

契約不適合責任と提携約款　改正民法２つのキーポイント

120年ぶりに改正された民法が2020年4月1日に施行されました。これについてシステム開発との関係で最も重要なのは、本節で解説した契約不適合責任という部分なのですが、その次に大事なのは、**提携約款**という部分でしょう。webサービスやアプリケーションの利用規約に大きく関わる部分だからです。

従来から、利用規約、法的には「約款」の有効性には疑いが持たれていました。問題点としては、ユーザー登録の際などにページのどこかに利用規約へのリンクがあったとして、本当にユーザーはその規約に同意して登録を行っているといえるのかという点があります。さらに多くの場合、利用規約はサービスの機能追加や変更等にともなってある日一律で一方的に変更されますが、変更後の規約は変更前に登録を行ったユーザーとの関係でも有効といえるのか、という点も問題でした。

こうした問題について、今回の民法改正はある程度クリアな基準を置きました。例えば、利用規約の改定について、改正民法の定めによれば、その変更がユーザーの一般の利益に適う場合や、ユーザーが登録を行った目的に反せず、かつ、変更を行うに至った事情を考えた場合に合理的なものである場合は、変更後の規約の効力発生日を定め、変更が行われる旨と変更内容等を適切な方法(例えば、webサービスの場合であれば、ログイン後の画面に「●月●日から規約がこのように変更されます、詳細はこちら」というようなリンクを置いておく、といった方法が考えられます。)で周知しておけば、変更後の規約は、変更前に登録を行ったユーザーとの関係でも有効である、とされました。webサービスのUI設計などに携わる方は、押さえておくべき法律改正だといえます。

Q 2-9

途中で契約を解除することはできるの？

システム開発の進行途中で「炎上」状態になり、プロジェクトが継続困難になってしまった。このような場合、途中で契約を解除することはできるのだろうか？　また具体的に、どう対応すればいいのだろう？

A

改正民法において、契約の「解除」に関する一般的な規定は、540条から548条までの条文で定められています。システム開発における契約も、民法に従って解除することが可能です。契約を途中で解除する場合には、「解除通知書」によって契約を終了させる旨を相手方に通知するのが通常です。この解除の意思表示は口頭でも有効ですが、記録に残すために文書・書面を送付する形で行った方が確実でしょう。

解除と原状回復義務

契約を**解除**するということは、一度締結された契約について、その効果を後から消滅させるということを意味します。民法では解除について、次のように規定されています。

民法第545条

1. 当事者の一方がその解除権を行使したときは、各当事者は、その相手方を原状に復させる義務を負う。ただし、第三者の権利を害することはできない。
2. 前項本文の場合において、金銭を返還するときは、その受領の時から利息を付さなければならない。

3. 第一項本文の場合において、金銭以外の物を返還するときは、その受領の時以後に生じた果実をも返還しなければならない。

4. 解除権の行使は、損害賠償の請求を妨げない。

発注者と受注者という関係でいうならば、契約が締結されれば、受注者にシステムを開発する義務が課せられ、発注者にも報酬の支払いという義務が課せられます。そして、これらを裏返したものが、両者の「権利」ともなります。もしこれが解除されるということになれば、両者が負っていた義務・持っていた権利は、契約が締結される前の状態に戻ることになります。

両者が負っていた義務・持っていた権利は、契約が締結される前の状態に戻ることになるので、まだ履行されてない部分の債務についても、履行の義務は消滅します。さらに、義務契約締結前の状態を基準にして、相互に元どおりの状態としていく義務が発生することになります。これが**原状回復義務**というものです。なお、もし同時に損害が発生しているといった事情があるのであれば、それに対しては別途損害賠償を行うことも可能となります。

解除の原因となるもの

なお、民法においては解除に関する一般的規定が定められていますが、その解除の原因により、2つのパターンに大別されます。

1つ目は、**債務不履行**（履行遅滞）を理由とする場合です（⇒Q2-7参照）。これについては民法で以下のように規定されています。

民法第541条

当事者の一方がその債務を履行しない場合において、相手方が相当の期間を定めてその履行の催告をし、その期間内に履行がないときは、相手方は、契約の解除をすることができる。

請負契約型のシステム開発において、受注者が負う「債務」とは、要件定義通りのシステムを完成させて納品することです。したがって、納期を過ぎたにもかかわらず受注者が納品を行わない場合などが当てはまります。

2つ目は、**契約不適合責任**を理由とする場合です（⇒Q2-8参照）。民法では次のように規定されています。

民法第562条1項

引き渡された目的物が種類、品質又は数量に関して契約の内容に適合しないものであるときは、買主は、売主に対し、目的物の修補、代替物の引渡し又は不足分の引渡しによる履行の追完を請求することができる。ただし、売主は、買主に不相当な負担を課するものでないときは、買主が請求した方法と異なる方法による履行の追完をすることができる。

これは受注者から納品されたシステムについて、バグやデータの不整合が多く、後から実用に適さないことがわかった場合などが当てはまります。

解除通知書の書き方と送り方

解除通知書は、通常は発注者から受注者に対して契約を解除する旨を伝えるための文書を指します。システム開発にかかわるドキュメントとしてみた場合の特徴として、プロジェクトの円滑な進行を目的としたものではなく、プロジェクトを終了させるためのものであることが挙げられます。また、直接的に一定の法律上の効果をもたらすことを期待している文書であるという点も大きな特徴です。

解除通知書に解除の原因を明記することは、必ずしも解除を行うために必須ではないと考えられています。しかし、解除原因を具体的に指摘したうえで解除通知書を提示する方が望ましいでしょう。受注者との間でコミュニケーションの行き違いや認識に齟齬があるような場合に、それを明らかにできるといったメリットがあるからです。また、解除通知書を受領する相手方にとっても、その原因に思い当たりがあるのであれば、後から紛争にもつれる心配も小さくなります。したがって、可能な限り解除原因を明確に記載しておく方がよいでしょう。

解除通知書の送り方は、結果的に通知が相手に到達するのであれば（さらに言えば、確実に到達したということが後から立証できるような方法であれば）、どのようなものであっても構いません。FAX や電子メールなどの簡便なやり方であっても法律上の問題はありません。

ただし、実務上は、後から「言った・言わない」の問題となることを避けるために、内容証明郵便などのやり方が好まれる傾向にあります。裁判などになってしまった場合は、「相手方に到達した」ということを証明する必要があり、この観点で内容証明郵便が安全であるとはいえるでしょう。

〇〇年〇〇月〇〇日

株式会社〇〇〇〇
代表取締役　〇〇〇〇様

住所　〇〇
通知人　〇〇〇〇

記

通知人は貴社との間に以下の〇〇契約を締結いたしましたが、本契約を解除することといたします。

契約締結日　〇〇年〇〇月〇〇日
契約内容　〇〇
商品名　〇〇
契約金額　〇〇円

本契約にて規定されました製品の納期は、〇〇年〇月〇日とされておりました。しかしながら貴社はこの納期を遅延し、その後の弊社からの催告後も納入されておりません。

したがいまして、このままでは本契約に基づく業務を正常に継続することができないと判断いたしました。つきましては、弊社は本書面にて、本契約を解除することといたします。

以上

解除通知書の例

Q 2-10

発注者の一方的な理由で開発の中止を告げられた……

すでに着手しているシステム開発に対し、発注側から突然、「そのシステムはもう不要だから作らなくていい」などと言われてしまった。このような、システム開発業務が発注者の一方的な都合で中断した場合には、どうすればいいのだろう?

A

本当に発注側の自己都合といえるのか否か、受注側には落ち度はなかったかという点からの検討が必要ですが、発注側の自己都合の解約として話を進めていける場合には、受注者から発注者に対し、完成割合に応じた報酬の請求や損害賠償を請求できる可能性があります。

「一方的な都合」といえるかどうかを確認

いきなりの一方的な開発中止宣言、かけてきた労力を考えると腹が立つのは当然でしょう。しかしまずは落ち着いて、発注者が解約を申し出てきた理由を整理する必要があります。システム開発は受注者も発注者も多大な義務を負い合い、緊密に連携しながら進めていくものです。そうであるからには、中断したいと切り出したのが発注者であり、受注者が発注者の自己都合の解約であると考えたとしても、逆に受注者側の帰責事由を指摘され、債務不履行に基づく解除や合意解約である旨などを主張されてしまう可能性があるのです。

ここで明確にする必要があるのは、開発の中止が次のうちどれに該当するのかという点です。

開発中止の種類

- 発注者の自己都合による解約
- 受注者の債務不履行に基づく解除（⇒Q2-9参照）
- 合意解約

この区別は、プロジェクトの進捗状況や、それまでの交渉の経緯などによって、事案ごとに個別に判断される傾向が強いものです。そのため、発注者の自己都合による解約であるという認識のもとで事後処理を進めるのであれば、会議の議事録などでも、その点が明確な記録を残しましょう（⇒Q2-12参照）。後から争いとなることがないようにしておくことが重要になります。

まずは落ち着いて解約の理由を明確に!

発注者の自己都合による解約の処理方法

では、発注者側の自己都合による解約として話を進めていけることになったとしましょう。すると次は、受注者から発注者に対し、完成割合に応じた報酬の請求や、損害賠償の請求が可能か否かを検討していくことになります。これについて民法では、次のように規定されています。

民法第641条

請負人が仕事を完成しない間は、注文者は、いつでも損害を賠償して契約の解除をすることができる。

発注者から見て不要となったにもかかわらず、仕事の完成を法が強要するのは無意味なことでしょう。そうした場合には、同じだけの対価を支払うことを通じて受注者側の利益を保障する方が合理的であるという考えが、ここには反映されています。なおこのときの損害賠償の範囲には、すでに支出した費用だけでなく、「契約を解除されていなければ得られた利益」も含まれると考えられている点に注意が必要です。

発注者側からの自己都合による解約の場合、契約として多く見られるのは、出来高（すなわち完了部分）の委託料の請求と、損害賠償の請求ができると規定されているものです。したがって通常は、受注者側が損害賠償請求を行うために、出来高や損害についての立証を行うことが必要となってきます。

「出来高」の計算には工夫が必要

もっとも、こうした出来高つまりは完成割合の立証というのは、実際に行うとなると非常に骨の折れる作業となることも予想されます。なぜなら、どの作業項目がどの程度完了していたかなどについて、特に下請業者が複数ある場合には、進捗確認のためのヒアリングなどが相当な量必要になるからです。さらには、ヒアリング結果を裏付ける資料の作成や、ヒアリングの内容そのものの文書化といったことまですべて行うとなれば、手間は膨大なものになるでしょう。そうまでしても結局立証が不十分と言われてしまうリスクがあり、立証の準備に割いた手間は徒労ともなりかねません。

こうした点を踏まえると、計算をシンプルに行えるようにする工夫を前もって行っておくことが重要です。具体的には、事前の契約段階で、途中で解約する場合には解約時点までの日数で日割り計算とする旨を明記しておくなどの対策があります。

「開発費用」への請求を行うのも合理的

また、出来高そのものに対する請求を断念し、「すでに出来た部分の開発に要した費用」に対して請求を行うという方法も考えられます。社内での開発費用は、「工数×単価」という単純な計算式で簡単に割り出せる場合も少なくないからです。利益率が低いプロジェクトであれば特に、出来高ではなく費用ベースでの請求を優先することが望ましいでしょう。債権回収のやりやすさを重視しながら損失補填を行うことが期待できるので、より現実的な救済措置となる場合が少なくありません。

コラム

法外な違約金を要求された場合は？

システム開発が紛争になった場合によく問題となるのが**逸失利益**（本来得られるべきであったにもかかわらず、相手方の債務不履行や不法行為によって得られなくなった利益）です。例えば、発注者が運営予定のWebサービスの開発を委託された受注者が、結果的に満足いくシステムを納品できなかったとします。この場合、前払金の返還に加えて、「ウェブサービスがローンチしていれば1000万円の利益が出ていたはずなのにそれを得ることができなかった」というように、逸失利益も併せて請求されてしまうというケースがあります。さらに、紛争発生後にこうした主張を行うだけではなく、契約締結段階で「このウェブサービスはローンチされれば1000万円の利益が出るのだから」といった理由で、開発に失敗した場合の違約金」に関する条項が、契約書に組み込まれることもあります。

こうした違約金条項は常に有効なのでしょうか。システム開発の場面で過大な違約金条項の有効性が直接的に争われたケースはあまりないのですが、いきすぎた違約金は、**公序良俗違反**として裁判上では無効となる可能性があります。例えば、（利息制限法の適用がない状況で）商人が営業資金に用いるために金銭を借りたケースで、過大な遅延損害金を公序良俗違反であり無効だと判断した最高裁判決などが存在します 側注1 。

つまり支配的・高圧的な関係の中で、違約金条項のある契約を求められ、実際にそれを請求されてしまっても、あまりに過度であれば公序良俗違反を主張する余地はあるということです。もっとも、これはあくまで「あまりに過度」といった例外的ケースの話で、そうした条項は、可能な限り契約締結時に排除してもらった方がよいのですが……。

側注1

最高裁
昭和29年
11月5日判決

Q 2-11

納品したのに報酬を払ってくれない……

システムを納品したにもかかわらず、発注者が報酬を支払ってくれない。システム開発に要する人件費もかなりかかっているので、売上の回収が滞ることは死活問題ともなりかねない。報酬の支払いに発注者が応じない場合、受注者側が検討すべき事項って、何なのかしら？

A

検討すべき点となるのは、「そもそも仕事が完成しているのか」と「契約不適合責任の適用はされうるのか」の２点です。なぜなら、そもそも仕事が完成していて、かつ、契約不適合責任の適用がないことをあらかじめ確認しておかないと、仮に訴訟を起こしたとしても、報酬の支払いに応じてもらうことが期待できないからです。

そもそも仕事は完成しているか？

納品したにもかかわらず、発注者が報酬を払ってくれないという場合があります。請負契約であれば、受注者は仕事の完成義務を負うのであり（⇒Q2-1参照）、まず、報酬請求が可能な状態となっているかを確認しなければなりません（側注１）。報酬が支払われない理由には様々なものが考えられ、現状を正確に把握する必要があるからです。

側注1
準委任契約の場合には、受注者は成果物を完成して納品する義務までは負わないので、この点は問題になりません。

報酬が支払われない理由の例

- 受注者が発注者に対して成果物を納品しているにもかかわらず、発注者が納品を受け付けてくれず、そのせいで報酬の請求業務まで滞ってしまっている

- 検収まで終わっているにも関わらず、発注者の認識との間に何らかの齟齬があり、報酬の支払いに応じようとしない

具体的に、受注者側の担当者が報酬請求の可否を調べるために確認すべき書類には、次のようなものを挙げることができます。

報酬請求の可否を調べるため確認すべき書類

1. 納品書

納品書がないという場合には、納品が完了しておらず、仕事が完成していないという推定を強める要素となります。

2. 検収の結果を通知する書類

仕事が完成したものと扱ってよいか否かを判断する際に、最も重要な資料となります。また、もし発注者の都合で検収が先延ばしになっているような事案であれば、みなし検収条項（⇒Q2-5 コラム参照）の記載が契約書上どのようになっていたのかも、確認しておくとよいでしょう。

3. 課題管理表

これまでにどのような課題がみつかり、そしてどのような対処を行ってきたのかを知るための資料となります。また、納品を行った後に発覚した障害・不具合の状況と、それに対する修補状況を把握するための資料ともなります。

4. 要件定義書・設計書および変更管理書・各種会議議事録など

発注者と受注者間で当初どのような認識を有していたかを明らかにすることにより、何が障害・不具合と呼ぶべきものなのかを明らかにするための資料となるものです。

5. 解除通知書もしくは、発注者の意向を記す文書

検収を進めようとしないこと（あるいは報酬の支払いに応じないこと）について、発注者がどのような意図を持っているのかを知るための手段となります。

契約不適合責任はないか？

契約不適合責任（⇒Q2-8参照）の有無についても確認する必要があります。

請負契約の場合には、受注者は単に納入物を完成させるというだけでなく、契約の内容に適合したものを納品する必要があります。例えば、納品後にバグが見つかり、発注者からバグの修正を要求された場合には、これに対応する義務が生じます。また、発注者が通常よりも高性能なシステムを必要としていて、値段も割高で契約が締結されたというようなケースであれば、システムに欠陥がないとしても通常のシステムを納品することは、「契約内容に適合しない」といえます。

もし、納品したシステムが契約内容に適合しないものならば、発注者は修補請求や契約解除、損害賠償請求、代金減額請求ができ、受注者が契約内容に適合したシステムを納品するまで、報酬が支払われないのは妥当だということになります。

どれだけの報酬を請求できるのか？

次に、いくらの報酬請求が可能なのかを確認する必要があります。請求可能な金額については、契約書に記載がなされているのが原則ではあります。しかし、事後で仕様の変更などが行われた場合には、きちんとした契約書（やそれに準ずる文書）が残っていないという場合も想定されます。

請求金額の増額の可否を検討するという観点から見た場合、次のような点を中心に確認していくことになります。

請求金額の増額の可否について検討される内容

1. 追加開発・機能の修正に関する部分の見積書の有無とその内容
2. 見積書に対する発注者側の反応の内容
3. 課題管理表に記載される追加開発・機能の修正を発生させた状況と、その額に関する合意の有無要は「その金額で業務を発注する」という点につき、発注者側との意思の合致はあったといってよいのか（つまりは契約が成立しているといってよいのか）という点を調べていくという流れになります。

訴訟を行う場合に検討すべきことは？

最後に、実際に訴訟を行う場合の懸案事項を検討することが必要です。

まず、**反訴請求**がなされる可能性に注意せねばなりません 側注2 。報酬の支払いに応じないという状況についても、発注者の側にもなにかしらの言い分がある場合が考えられます。実際にシステム開発では、発注者・受注者どちらか一方が相手方に訴訟を提起すると、逆に相手方から反訴の提起がなされる場合が少なくありません。例えばシステム開発の完了時に支払われるべき請負代金が未払いであるとして訴訟提起を行った場合に、納品物が要件を充足しておらず債務不履行であるとして、すでに支払い済みの報酬や、システムが完成しなかったことによる逸失利益についての損害賠償を求める反訴を提起されてしまうといったケースが典型です。

また営業上、訴訟を起こすことのメリットが本当にあるかどうかの検討も必要です。仮に受注者の言い分が通り、実際に報酬の請求が可能な状態であることが訴訟で認められたとしても、訴訟にまで事態が紛糾するならば、以後の取引の継続は実際問題困難となることが予想されます。加えて、訴訟で自己の言い分が認められたとしても、実際に報酬が受領できるまでにかなりの時間がかかることも覚悟すべきでしょう。もちろんケースバイケースではあるのですが、複雑なシステム開発を巡る裁判は、半年から1年以上かかるケースが多くなります。

以上のように、訴訟を行うためにかかる手間やコストも決して小さくないことも考えるならば、妥協点を見出す努力をする方が穏当でよいことが多いといえます（⇒Q 3-8参照）。

側注2

反訴請求とは、民事訴訟において、被告にも原告に対する請求がある場合に公平であろうとする制度です。被告が同じ裁判の中で、原告を相手方として新たに訴えを提起することで、関連する紛争の解決を一つの裁判手続の中で行うことができます。

Q 2-12

プロジェクト進行にあたり、文書で記録を残す必要があるのはなぜ？

契約書だけでなく、システム開発の進捗会議等で用いる会議の議事録や会議資料もできる限り残しておくべきだと言われたことがあるけど、どういう理由なの？　受注者側が特に記録に残すべき重要事項って、どんなものなのだろう？

A

システム開発プロジェクトにおいて、確認会議でのやりとりの内容、プロジェクトの進捗や経緯について記録を残すことは、システム開発を円滑に進め、また、万一紛争が発生した場合に備えるという観点からも重要です。法律的な観点からみた証拠保全の必要性からは、誰の目にも客観的に確認可能な文書の存在が大きな意味を持つことになるわけです。

契約書だけでプロジェクトは進まない

ある会社が別の会社にシステム開発を委託する場合、代表取締役同士の法人印で締結される契約書、責任者が作成した要件定義書だけでは、結局のところ何をいつまでに作るのか、必ずしも明確ではないケースが多いものです。したがって多くのシステム開発では、担当者レベルのメールや電話等のやり取り、責任者レベルの人が主催する会議などが重要になってきます。これによって、当初はあいまいだった部分の仕様確定、状況変化に合わせた仕様変更が可能になります。また、機能追加のリクエスト、発生した問題に関する協力要請なども日々行われることになるでしょう。

やりとりを正確に文書化しておくべき法的理由

プロジェクトの進捗や経緯について、このような確認会議でのやりとりの内容などを記録に残すことは、法的にも重要です。

その理由としてはまず、後になって揉め事を起こさないためです。発注者と受注者間の認識に齟齬がないかを確認する意味でも、形成された合意の内容を活字にまとめておくことは有意義です。また資料の共有が、関係者の足並みを揃えることにつながっていきます。

第２に、後に紛争が発生した際の対策とするためです。トラブルが発生し、成果物の完成前にプロジェクトが中断されてしまった場合や、当初の納期に間に合わなくなってしまったとして、裁判沙汰になるような事態を想定してみましょう。発注者と受注者の双方にいえることですが、「起きてしまった事態に対して、自分の側にも言い分がある」と言おうにも、記録が文章化されていなければそれを立証しようとしてもできず、裁判で不利な扱いを受けることになりかねません。

特に「納期に間に合わなかった」ことに端を発するトラブルでは、その原因について、いつ障害が発見されたのか、どのようなタイミングで仕様変更のリクエストがあがったのか、発注者側からの機能の追加リクエストに対して、受注者はどのような対応を試みたのかといった点が、裁判の行方をも左右しかねない重要論点となる場合が多いものです。

しっかりと文書化しておくことが後々の助けに

文書で残しておくべき内容

　では具体的に、何を文書化して記録に残すべきなのでしょうか。受注者側はプロジェクトに対して、システム開発の専門家としてのプロジェクトマネジメント義務（⇒Q2-4参照）を負います。このことを踏まえて、受注者側が特に記録に残すべきこととしては、以下のものをあげることができます。

受注者側が記録に残すべきこと

1. それぞれの開発工程が完了したという事実とその日付
2. 発注者側から受けた仕様の変更・機能の追加といったリクエストに、どのような回答をしてきたかについての履歴
3. 発注者側の自己都合によって開発業務の進捗が滞っている場合に、協力を求めるために講じてきた対応策とその経緯

　また当然ながら、発注者も自社の内部で使うシステムであるからには、システム開発では受注者の業務に対して一定の協力義務（⇒Q2-5参照）を負います。したがって、発注者側も協力義務を十分に果たしたことを証明するために、以下の内容を文書で記録しておくことが必要です。

発注者が記録に残すべきこと

1. 欲しい機能、画面側の外観など、受注者に伝えるべきことを伝えてきたという履歴
2. 受注者側の工程において発生した種々のトラブルの履歴（例えば、メンバーの急な離脱や、受注者側の調査不足が原因で発生した開発工程のスケジュールの遅延など）

証拠としての効力がある文書の形式

　ここで気になるのは、残した文書がすべて法的な証拠として認められるのかどうかです。例えば会議に参加しながら手書き

で残した簡単なメモのようなものはどうでしょう。

日本の民事訴訟においては、証拠となるものに制限は設けられていません。つまり、どのようなものでも証拠になりうるのであり、手書きであっても十分に証拠とすることができます。

ただし、有利な証拠として活用するためには、書き方や内容等に注意が必要です。日時や時間を正確に記録する、誰が作成したものであるのか明記する、やり取りの内容を具体的に記載する、などといった点を意識して記録に残しましょう。

最後に文書化すべき内容と形式を、具体的な例で確認します。プロジェクト進行にあたって、やり取りの内容を次のように文書化しておくことが望ましいと考えられます。これは法律的な観点からはもちろん、進捗や経緯を互いに確認しながらプロジェクトを円滑に進めるために重要なことです。

打ち合わせ議事録

日　時：●年●月●日（●）**：** ～ **：**
場　所：△△ビル　～～会議室
出席者：
記　録：
1. 配付資料
　①サイトワイヤー案　②スケジュール案
2. 議事内容
　①契約書に関して
　請負契約書のドラフトをＡ社にて●月●日までに作成する。
　②スケジュールについての合意
　●月にウェブサイト完成、●月から公開。
　③ウェブサイトの仕様に関して
　スマホ版とPC版の両方を作成、iPad版の制作は行わない。
　WordPressで開発、B社指定の下記アドオンをインストールした状態で動作確認。
（中略）
　④次回打ち合わせに関して
　●月●日または●月●日、作成した請負契約書の検討を行う。
－以上－

文書化した会議記録の例

Q 2-13

発注者に謝罪を要求された……謝ったら既成事実になってしまうの？

発注者に謝罪を要求されたけど、今後のこともあるからすぐに謝った方がいいのかなあ？　謝ってしまった結果、それが既成事実になってしまい、法律的にもこっちが責任を取らなくてはいけなくなったらもっと困るし……。

A

システム開発という業務も、一種の「企業向けのサービス業」といえるので、苦情・クレームが発注者から寄せられることが想定されます。そこで、そうしたクレームに的確に対応する力もまた、受注者に求められることとなります。ただ、いかにして謝罪を行うべきかという問題については、十分に検討すべきでしょう。

システム開発は「サービス業」の一種

ITシステムの開発という業務は原則、サービス業の一種であり、顧客から寄せられる苦情への対応は重要です。システム開発においても、お客様たる発注者から寄せられる苦情に、技術サービスの提供を担う受注者が対応を迫られるという場面は間々あるものです。両者のコミュニケーションを良好に保つということを重視すれば、発注者側の言い分を聞き入れ謝罪することが合理的な場合もあるでしょう。各種クレームや苦情に対し、受注者が誠実に謝罪等の対応を行うことによって、再度協力体制が構築され、プロジェクトが成功に導かれることも期待できます。

しかし口頭や文書での謝罪を行った結果として、発注者側の理不尽な主張がそのまま既成事実化してしまうという懸念を抱いたことがある人もいるのではないでしょうか。

謝罪は裁判の決定的な証拠になる？

これについては過去の裁判例から、「たとえ受注者が形式的に謝罪の要請に応じたとしても、それが現実の裁判において必ずしも決定的な意味を持つわけではない」と言うことができます。謝罪が行われる理由がビジネス上も、物事を前に進めるための便宜上のものにすぎないことが多いという点は、裁判においても十分斟酌される事情であると考えられます。むしろそうした形式的な謝罪の有無よりは、謝罪が行われた経緯を踏まえて、受注者と発注者の間でどのような関係が構築されていたかなども取り入れた上で、総合的な判断を行っていこうとしているのが、裁判所のスタンスだと見るべきです 側注1。

システム開発において、発注者も受注者に協力する義務があるというのは、そもそも裁判所が示している見解です（⇒Q 2-5参照）。発注者が受注者に協力的であったとは言い難いような支配的・高圧的な関係があったとみられる事案では、いっそう謝罪は形だけのものと扱われやすくなるでしょう。

側注 1

東京地裁
平成16年4月23日判決
徹夜作業空けに発注者を訪ねた際に、データを消したのではないかとの非難がなされ、土下座させられた後に、発注者の言い分に沿って謝罪文を提出したという事例で裁判所は、そこでの謝罪文に真意はないとの見解を示しました。

謝罪を行う際の法的なポイント

ただし安易な謝罪は、裁判に至るまでの交渉場面でも、発注者側から頑なな態度を引き出してしまうリスクにもなります。また、裁判の初期の段階で、裁判官が謝罪文を中心に心象を形成してしまえば、誤解を解くのに多くの手間や時間を要することにもなりかねません。

例えば謝罪内容や謝罪文の記載内容が、謝罪の意を示すというだけにとどまらず、受注者の落ち度を克明に指摘してしまうものだと、事実認定の段階で不利な解釈が行われる要素ともなりえます。そうした記載には安易に踏み込むべきではないでしょう。

また、苦情対応・クレーム対応といった問題それ自体も法務の問題であるという認識をもったうえで、いかにして謝罪を行うべきかという問題についても、外部専門家の活用を積極的に検討すべきです。

Q 2-14

元請けと下請けの違いは何？ 下請けに出すときの注意点ってある？

受注した仕事の一部をさらに他の業者にお願いしたいのだけど、あれ？　これって元請けと下請けのどちらになるのだろう？　あらかじめ発注者の許可を得ておかなければいけないのかしら？　それとも、こちらの一存で、自由に決めてしまってもいいのかなあ。

A

元請けとは委託者から直接仕事を請け負うことをいい、下請けとは元請業者が委託者から請け負った仕事の全部または一部について、他の業者又は人に請け負わせることをいいます。契約の形式や特約によっては、発注者の許可がない下請けが認められない場合もあります。また実際に下請けを行う際には、あらかじめ下請法をよく確認しておくようにしましょう。

元請けと下請けの違い

元請けと下請けという言葉を耳にしたことがあるという人も多いと思います。ただ、よく耳にするが故に、元請けと下請けがどのような概念であるのか、また、両者にはどのような違いがあるのかについて、なんとなく理解したつもりになっているという人が多いのではないでしょうか。

元請けと下請けの違いは、「仕事が誰から依頼されているか」という点にあります。一定の法律行為や事実行為を他人に依頼する人を委託者といい、これらを行う依頼を受けた人を受託者といいますが、**元請け**とは、受託者が委託者から直接仕事を請け負うことです。元請けをする業者または人のことを元請業者や元請負人と呼ぶことがあります。システム開発の現場では、システムの開発を委託する者（委託者）から、元請業者または元請負人が、直接システム開発を請け負う場合のことです。

一方で**下請け**は、受託者が元請業者または元請負人から仕事を請け負います。システム開発の場合には、システムの開発を委託する者（委託者）から、元請業者または元請負人がシステムの開発を請け負い、そのシステムの開発をさらに下請業者または下請負人が請け負うことになります。

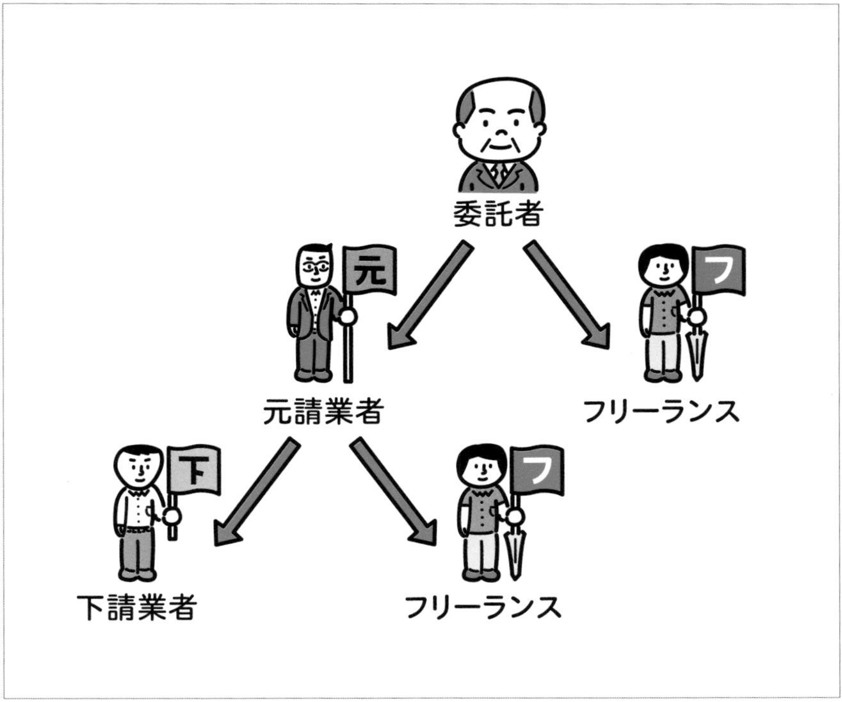

委託者・元請け・下請けの関係

元請け・下請けのメリット・デメリット

元請けと下請けの性質の違いによって生じるメリット・デメリットについても、あらかじめ認識しておくことが重要です。次ページの表でそれぞれ簡単にまとめたので、確認しておきましょう。

	メリット	デメリット
元請け	委託者と直接契約を締結するため契約の内容を自由に決定できる	下請業者の仕事に対しても責任を負わなければならず、負うこととなる責任の範囲が拡大する
元請け	コストや利益との関係を考えた金額を委託者に提示することができる	営業活動を行っても案件を受注できなかった場合など「ただ働き」が発生しやすい
元請け	利益を出しやすい	要件定義の作成などに工数をとられる
元請け	受注できる仕事の範囲が広い	
下請け	元請けとの関係が良好であれば継続的に仕事を受注できる	元請けから業務委託料等について低い金額が提示されたりする
下請け	新規顧客開拓のための営業活動を行う必要がない	元請けからの値引き交渉に応じざるを得ない可能性がある

元請けと下請けのメリット・デメリット

準委任契約の仕事を下請けはできない？

これを踏まえた上で、どのような場合に下請けが可能かについてみていきましょう。それというのも仕事の内容によっては、下請けが法的に認められない場合があるのです。受注した仕事が請負契約と準委任契約のどちらかという点が、ここでも重要になってきます。

請負契約によってシステム開発の業務を引き受けた場合、原則として下請け（再委託）の利用は可能です。なぜなら請負契約は、「仕事の完成」を債務の履行の要件に課すものだからです。仕事が完成したか否かは最終的な成果物の中身と、当初求められていた仕様の要件に整合性があるかどうかによって決まるのが原則です。「誰がやったか」は殊更に問題にすることのない契約類型であるため、下請業者の活用は自由となります。

一方、準委任契約の場合には、下請け（再委託）の活用は原則として認められません。これは委任というものの性質が、委任される相手方に対する信頼を基礎にして成り立つものだからです。勝手に下請けを用いることは相手の信頼を裏切ることになりかねないため、委任を受けた本人が委任事務にあたらなければなりません。勝手な下請業者の活用は、それ自体が債務不履行の問題となる危険があるのです。

請負契約は可、準委任契約は不可が原則だが……？

以上が原則となる考え方ですが、これらについてはもう少し注意すべき点があります。

請負契約の場合でも、下請けを用いることを禁じる特則を当事者間の合意のもと、請負契約のなかに織り込むことができます。法はなにも、下請業者の活用を不可とする請負契約を締結することや、下請業者の活用を可とする準委任契約の締結を禁止しているわけではありません。契約はそもそも当事者間の取り決めである以上、新たな取り決めを柔軟に創設していくことは大いに可能なのです。

実務上は、開発成果物の品質担保や情報漏洩などのセキュリティの観点から、再委託を制限する契約条項を設ける場合が多いといえるでしょう。全面的に再委託を禁じるケースもあれば、事前承諾を要するというケースもあります。こういった規定があると、無断で下請けを用いることはできません。特則を破った場合には契約違反となり、解除や損害賠償に発展することになります。

また同様に、発注者側の合意を得た上であれば、準委任契約のもとで下請業者に業務を発注するということは十分考えられます。準委任契約が信頼関係を基礎に成り立つものであるのが通常であるとしても、下請業者の活用がすべて発注者の信頼を毀損するものとも限らないでしょう。むしろ、適切な下請業者を選定のうえ、下請業者も巻き込んだ信頼関係の構築が可能となる場面も考えられます。

このため、下請業者の利用を認めてほしい場合は、特約としてその旨を業務委託契約に規定する必要があります（⇒Q 4-5参照）。

下請法も必ず確認しておくこと

最後に、下請けを行う際には下請法をしっかりと確認しておくことが重要です。**下請法**とは、正式には「下請代金支払遅延等防止法」という法律です。親事業者（元請け）の下請事業者に対する下請代金の遅延や不当な値引きなどを禁じることで取引の公正化を図り、下請事業者の利益を保護することを目的としています。

下請法では、発注側である親事業者に対して「義務」や「禁止事項」を課しており、それに違反した場合には罰金や勧告措置といった制裁が科されます。この下請法は、元請け・下請け間であれば必ず適用されるというものではなく、「取引内容」と「事業者の資本金規模」の２点から適用対象となる取引が定められています。

取引内容

下請法は、仕事の内容が客観的に下請けになじむ仕事でなければ適用できません。下請法では、対象となる取引（仕事の内容）を、物品の製造・修理委託及び情報成果物作成・役務提供委託を行う場合としています。

事業者の資本金規模

下請法は、親事業者と下請事業者の間に力関係があることが、適用の前提となります。そのため、それぞれの資本金が一定の条件を満たしたときにのみ、下請法が適用されることになっています。この資本金の条件は、物品の製造や修理委託を行う場合と情報成果物作成・役務提供委託を行う場合で異なっているので注意が必要です。具体的に該当するかどうかは、公正取引委員会ホームページでわかりやすく纏められていますので、そちらで確認してみましょう 側注１ 。

以上より、常に取引が下請法の適用対象であるのかどうかを意識し、適用対象であった場合には、元請けにどんな義務が課されているのか、何が禁止されているのか、理解を深めておくことが求められます。

側注 1

下請法の概要
https://www.jftc.go.jp/shitauke/shitaukegaiyo/gaiyo.html

第3章

労働関係の落とし穴

エンジニアにも生活がある以上、
労働関係のトラブルはまさに死活問題となりえます。
本章では、働く一人のエンジニアとしての視点から
重要な法的トピックを取り上げました。
ただ、法律で困ったときに頼れる相談相手を個人で探すとなると、
意外に難しく、心細いもの。そこで「弁護士の探し方」についても、
あわせて解説をしています。

Q 3-1

私の働き方、労働基準法に違反していない？

正社員のエンジニアとして働いているけれど、やたらと残業が多い気がする……。これって労働基準法に違反してない？

A

労働基準法では、1日で8時間、1週間で40時間の「法定労働時間」というものを規定しており、それ以上長く働かせる場合には36協定という労使協定を締結しなくてはいけません。また、この36協定を結ぶ場合にも残業時間の上限規制があり、それを超過して働かせることは労働基準法違反となります。ただし、雇用形態によっては、労働基準法上の「労働者」に該当せず、労働基準法は適用されないため、注意が必要です。

エンジニアの雇用形態

労働基準法に違反しているかどうかを考えるには、そもそも、労働基準法が自分に適用されるかを判断しなくてはなりません。エンジニアとして働く、と一言に言っても、今は様々な雇用形態があり、その雇用形態によっては、労働基準法の適用外となるからです。

まずは、エンジニアにはどのような雇用形態があり、どういった違いがあるのか、簡単に理解しておきましょう。エンジニアの雇用形態としては、正社員、派遣社員、フリーランスが主に挙げられます。

エンジニアの雇用形態

1. 正社員

正社員は、雇用期間が定められていない社員です。月給が基本で、実際に働いた日数が変動しても一定額の給料を受け取ることができます。

2. 派遣社員

派遣は、特定の企業に属することなく、派遣会社から企業へと勤める働き方です。「非正規社員」の一種で、雇用契約期間が決まっていることから、場合によっては数か月で一つの職場を去るようなケースもあります。

3. フリーランス

フリーランスとは、会社に所属せず仕事を請け負う働き方です。個人事業主で、従業員を雇っている企業を設立していない人を指します。働く時間はエンジニア自身で決めることができるため、正社員や派遣社員と比べると、圧倒的に自由なスタイルで働くことが可能です。

労働基準法が適用されるのは?

労働基準法は、労働契約や賃金、労働時間、休日、災害補償といった労働者の労働条件についての最低基準を定めた法律です。使用者は、仮に労働者との間に合意があったとしても、この法律で明記されている内容を下回る労働契約を締結することは認められていません。

この労働基準法は、原則として、日本国内で労働者として働いている人であれば、勤めている企業の種類やその就業形態等を問わず、すべての人に適用されるものです。そのため、正社員であろうと派遣社員であろうと、労働基準法によって守られます。しかし、個人事業主や業務委託契約で働く人などは、原則的に労働基準法上の「労働者」に該当せず、労働基準法は適用されません。つまり先ほどの分類でいうと、フリーランスで業務委託契約を結んでいるような場合には、労働基準法の対象外となるのです。

就業規則の適用はどうなる？

就業規則とは、働く上での賃金や労働時間、労働条件などについて事業場ごとに定めたものです。正社員にその企業の就業規則が適用されるのは言うまでもありません。しかし、派遣社員やフリーランスの場合はどうなるのでしょうか？

この点については、派遣社員は派遣元の就業規則が適用されるため、派遣先の就業規則は適用されません。例えば、派遣社員が派遣先企業の就業規則に違反したとしても、派遣先企業が派遣社員に対して懲戒処分を行うようなことは認められないのです。

また、フリーランスの場合は、原則的にそもそも企業との間に雇用関係がなく、「労働者」に当たらないため、当然、就業規則を適用することはできません。

エンジニアの長時間労働

業界全体では、残業を少なくしようという動きがあるものの、実際には納期を守るために現場のエンジニアを酷使するような例は多くあります。また、突然の仕様変更への対応や、現場の人手不足などが原因で、エンジニアの労働時間は長くなってしまいがちです。

労働基準法の対象となるエンジニアであれば、「1日8時間、1週間に40時間」という**法定労働時間**（基本の労働時間の上限）が存在します。原則としては、使用者はこれを超えて労働させてはいけないということです。

ただし、**36協定**という労使協定を締結している場合には、これより長い時間働かせることができます。とはいえ、36協定を締結する場合でも「1か月に45時間、1年に360時間」という残業時間の上限が設定されています。この1か月45時間という残業時間が「長時間労働」の一つの指標になるといえるでしょう。なお、36協定において「特別条項」を設けた場合は、年6回まで月45時間を超える「臨時的残業」が許容されますが、この場合でも残業は年720時間、単月100時間未満までとされ、それ以上の残業は違法となります。

ちなみに、派遣社員の場合は、この36協定を派遣会社と締結している必要があり、それに加えて就業条件に残業についての規定が明記されている必要があります。つまり、就業規則と同様、派遣先で締結されている36協定は派遣社員には適用されないということです。

これに対し、同じエンジニアでも、フリーランスで業務委託契約を結んでいるような場合には、労働基本法の対象外ですので、法定労働時間に縛られることはなく、契約内容がすべてです。報酬が発生しない長時間労働を避けるためにも、自分自身で無理なく作業できるペースを見積もった上で契約を締結する必要があります。

自分の雇用形態に適用されるルールを知る

自分に適した働き方を考えるという意味でも、雇用形態について把握することは大切です。そして、それ以上に、自分がどういった雇用形態で働いているのかを理解し、労働基準法や就業規則、36協定の対象となるのかどうか、どういったルールが適用され、どういう場合に違法となり得るのかといった点を知っておく必要があります。

特に、エンジニアは労働時間が長くなりがちです。長時間労働は、健康上の問題やワークライフバランスの悪化、労働生産性の低下など様々な問題を引き起こします。自分の働き方の場合どのラインを越えれば違法となるのかというのは、身を守るという意味でも非常に重要なポイントなので、把握しておくようにしましょう。

Q 3-2

SESなのに常駐先から指示を受けた……これって偽装請負？

所属する会社から業務命令を受け、大手のIT会社に常駐してシステム開発を行っている。この派遣先で業務命令として指示を受けたのだけど、私はSES契約を結んでいるはず。この場合にも、派遣先の業務命令に従わなければいけないの？

A

SESと派遣では、一見すると「エンジニアの技術および労働力を提供する」という点で同じように見えますが、業務指揮命令権がお客様側にあるかないかという点が異なります。SESの場合はあくまでも自分が所属する自社（フリーランスの場合は自分）の業務命令に沿って任務を遂行します。派遣先による業務命令がなされた場合、それは偽装請負という違法な状態であるため、従う必要はありません。

SES契約の実態とは？

SES契約（システムエンジニアリングサービス）とはソフトウェアやシステムの開発・保守・運用における準委任契約（⇒Q2-1参照）の一種であり、特定の業務に対して技術者の労働を提供する契約です。開発エンジニア、ネットワークエンジニアだけでなく、運用・保守の技術者もSESの対象になります。

SES契約では、企業に出向して業務を行うことになります。そのためエンジニア個人としては、様々な企業の様々な案件に関わることで、幅広い知識やノウハウ等を学ぶことができ、エンジニアとしてのスキルアップが見込めるという利点があります。またその他にも、残業が少ない、正社員登用されるケースがある、といったメリットもあります。その反面、環境の変化が激しく、ストレスになってしまう場合があったり、残業が少ない分収入も低くなってしまったりするというデメリットはあります。

偽装請負というワナに注意

このSES契約で働くにあたって注意が必要なのが、偽装請負です。**偽装請負**とは、形式的には業務請負や業務委託、委任契約であるにもかかわらず、実態は労働者派遣であるものをいいます。

労働者派遣をするにあたっては、**労働者派遣法**において、許可・届出の手続きや派遣可能期間等の厳しい制約が定められています。こういった労働者派遣法等の規制を企業側が潜脱する目的で、表向きはSES契約や業務請負の形をとるというケースも少なくありません 側注1 。また客先の契約に対する理解が不十分なため、そのつもりがなくても偽装請負と認められかねないような状態に陥っている場合もあります。

したがってまずは、自分の働き方が偽装請負になっていないかどうかを見極めることが重要です。これはSES契約と派遣契約の法的な違いをしっかりと理解することで可能になります。

側注1

業務命令や作業時間を拘束する行為は、本来は「人材派遣」として扱う必要があるのであり、請負契約であるにもかかわらず、無許可でこれを行えば職業安定法違反となります。また、仮に人材派遣が許可されている業者であっても、労働の実態と届出の内容が合致していないのであれば、労働者派遣法に問われることになります。

SES契約と派遣契約の違い

SES契約は、「作業時間あたり●●円」といった風に、エンジニアの能力や工数によって、契約が決まるのが通常であり、準委任契約に該当します。クライアント企業に出向いて作業するという点では派遣契約と似ていますが、SES契約では、あくまで発注者の作業を代行するだけです。

つまり、常駐先の顧客から「何時にどこに来て、こういう仕事をしなさい」といった具体的な指示を出すことはできず、実際に作業をする受注者側が作業のやり方を決め、臨機応変に業務を進めるということです。ただし、受注者が一人で作業を進めることはできません。作業員の上司として、指揮管理を担当する責任者が必ずついてくる形になりますので、その責任者の指示に従って作業を行います。つまり、SES 契約においては、自社の責任者の指示に従っていれば、自分の裁量で仕事をすることができるわけです。

これに対し、派遣契約は、派遣先の指示に従う必要があります。派遣契約は、あくまで労働力として雇われる契約形態であり、そうである以上は、派遣先企業の指示に従って仕事をしなくてはいけません。この「誰の指示に従うか」という点が、SES 契約と派遣契約では大きく異なっているのです。

そのため、SES 契約であるにもかかわらず、常駐先の顧客からの指示で稼働しているような場合は、その実態が派遣契約であるとして、偽装請負とみなされることになります。

	SES 契約（準委任契約）	請負契約	派遣契約
契約内容	業務の遂行	成果物の完成	労働者の派遣
指示系統	受注者側	受注者側	発注者側（派遣先）
報酬	作業時間に対して	納品物に対して	作業時間に対して

契約形式による指示系統などの違い

偽装請負のリスクはエンジニアにも

偽装請負が発覚した場合、労働局から厳しい指導が入ったり、ペナルティが科せられたりすることがあります。もちろんこれは企業に対してです。では、エンジニア個人には何もデメリットがないのでしょうか？

偽装請負は、エンジニアをはじめとする労働者に様々な不利益があるものだといえるでしょう。業務請負の場合、派遣労働者とは異なって、クライアントには労働者を守る義務がありません。それにも関わらず、偽装請負ではクライアント側から指示が出されるわけですから、長時間労働や休日出勤を指示されるなど、劣悪な労働環境に陥る可能性があります。また、業務請負には残業や深夜労働に対する規定がなく、時間外労働の報酬が発生しないことから、時間換算をすると低賃金になってしまうかもしれません。

そして、企業が受けるペナルティによる影響も見逃せません。まず、偽装請負によって派遣元が労働者派遣法や職業安定法に違反した場合、事業停止命令を受けることがあります。その場合には、エンジニアとしても、仕事ができなくなってしまう可能性があるわけですから、無関係な話ではないはずです。また、派遣先のクライアント企業の方も、「勧告」と「公表」の対象となるため、社名公表による信用力の低下がその後の仕事に影響を及ぼす可能性があります。

よって、自分が罰則を受けるわけではないからと、偽装請負の状態を放置しておくメリットはエンジニアにはないといえます。

偽装請負を回避するためのメソッド

偽装請負を回避するためには、何よりもまず、契約締結の段階で、慎重な判断をすることが重要です。実態に合わせた適切な契約を締結することで、偽装請負を予防すべきです。

それでも常駐先から仕事の指示を受けた場合、SES 契約を締結しているのであれば、法律上それに従う必要はありません。現場に常駐する際には自分が誰からの指示で業務を進めるべきなのかをきちんと把握し、直接契約をしていない発注者側からの指揮・命令・監督には従わないようにしましょう。

ただそうは言っても実際問題、客先常駐している立場としては、「そういう契約だから」と突っぱねるのは少し勇気がいります。また、労働局への通報や告発など、大ごとにするのはちょっと……と思うかもしれません 側注2 。

そこでまずは派遣元企業に対して、自分の勤務を適切に判断してもらえないか相談するとよいでしょう。つまり、派遣元企業から派遣先企業に対し、例えば「SES 契約なので、契約にない定時前出勤を義務付けるのは不当である」といった要請を出すようにお願いするのです。

偽装請負になるのではないかと疑問に思ったら、まずは契約についてクライアントと確認してみるということが重要です。

側注 2

厚生労働省本省のほか、都道府県労働局・労働基準監督署・公共職業安定所・地方厚生局・施設等機関・都道府県などの地方公共団体が、公益通報窓口を設置しています。連絡先などは各ホームページに記載されていますのでそちらで確認してみましょう。

Q 3-3

プログラマーなのに裁量労働制っておかしくない？

プログラマーとして勤務していたIT企業から退職することになった。みなし労働時間を1日8時間とする裁量労働制だったのだけれど、裁量労働制が適用される要件が満たされていたのかなあ？　そもそも、裁量労働制って、プログラマーに適用可能なの？

A

プログラマーに専門業務型裁量労働制の適用が認められるためには、厳しい要件をみたす必要があります。プログラマーはほとんどの場合、裁量労働制の適用対象とはなりません。しかし、プログラマーであれば裁量労働制が一切適用できないというわけでもないため、要件に該当するかどうか精査する必要があります。

裁量労働制とは何か

裁量労働制とは、労働時間制度の一つで、労働時間と成果・業績が必ずしも連動しない職種において適用され、実労働時間ではなくあらかじめ定められた時間分を労働時間とみなして賃金を払う形態をいいます。

この裁量労働制が労働者に適用されると、1日あたりの**みなし労働時間**を定め、実際の労働時間にかかわらず、みなし労働時間分だけ働いたものとすることができます。つまり、1日1時間しか働かなかったとしても、みなし労働が8時間であれば8時間分の賃金が支払われるということです。裁量労働制は、労働者が決められた所定労働時間に拘束されず、自分で自由に勤務時間を決めることのできる働き方であり、フレックスタイムや自宅勤務制度など多様な働き方が増えてきた近年、多くの企業で導入されるようになってきました。

しかし、裁量労働制においては、みなし労働時間を超過しても、追加で残業代を支払わずに働かせるということが可能になってしまうという点で、悪用のリスクがあります。そのため、裁量労働制が導入できるのは、「業務の遂行方法が大幅に労働者の裁量に委ねられる業務」であるとされ、適用できる業務が限定されています。それ以外の業務に従事する労働者に裁量労働制を適用すれば、違法となります。

IT企業では違法なみなし労働が多い？

特に、IT 企業は裁量労働制を導入しているところも多くありますが、IT 企業で働く労働者のすべてが、この「業務の遂行方法が大幅に労働者の裁量に委ねられる業務」に携わっているわけではありません。本当は裁量労働制が適用できない仕事に就いているのに、裁量労働制で働かされ、本来より低い賃金しか支払われていないエンジニアも少なくないのが現状です。

そもそも会社が裁量労働制を正しく理解していないために違法な状態が放置されているケースもあれば、会社が意図的に不当な裁量労働制を使って、従業員を残業代なしで働かせているケースもあります。本来ならば無効であるはずの裁量労働制によって、長時間労働や未払い残業などに悩まされるような事態に陥らないよう、どういった場合に裁量労働制が適用できるのか、きちんと理解しておきましょう。

裁量労働制には2種類ある

裁量労働制は限定された業種にのみ適用できる制度です。裁量労働制が適用される業種は**専門業務型**と**企画業務型**の２つであり、これに該当する業種以外には適用できません。

IT エンジニアに裁量労働制を適用する場合には専門業務型となります。とはいえ、エンジニアであれば必ず専門業務型の対象になるというわけではありません。業務内容によって、専門業務型裁量労働制を適用できるか否かが分かれます。

専門業務型裁量労働制の適用条件

専門業務型裁量労働制については、厚生労働省令（労働基準法施行規則）及び厚生労働大臣告示によって定められた業務である必要があり、19業務が対象業務とされています。このうち、ITエンジニアについては、「情報処理システムの分析又は設計の業務」と規定されています。

そして、この「情報処理システムの分析又は設計の業務」の対象業務の詳細については、東京労働局が公開しているパンフレット「専門業務型裁量労働制の適正な導入のために」において、以下のように定められています（側注1）。

側注1
専門業務型裁量労働制の適正な導入のために
https://jsite.mhlw.go.jp/tokyo-roudoukyoku/content/contents/000501876.pdf

情報処理システムの分析又は設計の業務

（ i ）ニーズの把握、ユーザーの業務分析等に基づいた最適な業務処理方法の決定及びその方法に適合する機種の選定

（ ii ）入出力設計、処理手順の設計等アプリケーション・システムの設計、機械構成の細部の決定、ソフトウェアの決定等

（ iii ）システム稼動後のシステムの評価、問題点の発見、その解決のための改善等の業務をいうものであること。**プログラムの設計又は作成を行うプログラマーは含まれないものであること。**

つまり、「情報処理システムの分析又は設計の業務」には、「プログラムの設計又は作成を行うプログラマーは含まれない」と記載されているのです。したがって、一般的なプログラマーは、裁量労働制の対象業務には含まれないと考えられます。プログラマーとして雇用されているのに裁量労働制で働いている場合には、違法な状態である可能性が高いといえるでしょう。

SEという肩書で雇用されていれば問題ない？

会社によっては、肩書はシステムエンジニア（SE）でも、業務内容はプログラマーに近いというケースがあります。この場合は裁量労働制の適用対象となるのでしょうか。

先ほどの「情報処理システムの分析又は設計の業務」の対象業務の詳細を踏まえると、裁量労働制の適用対象として規定されている業務は、一般的なシステム開発における「上流工程」に該当すると考えられます。つまり、「下流工程」業務が中心になっているシステムエンジニアは裁量労働制の対象外となる可能性が高くなります。

具体的には、渡された設計書の通りにプログラミングをしている、上司の指示に従って開発・実装業務を行っている、というような場合には、仮に肩書がSEであったとしても、実体としては裁量性の低い業務を行っているのであり、裁量労働制の対象外となりうるということです。

そのため、自分の肩書はシステムエンジニアだからと油断して、裁量労働制の適用対象であると決めつけてしまうのは危険です。実際に、システムエンジニアの裁量労働制が違法とされ、残業代の支払いが認められた裁判例もあります側注2。

側注2
京都地裁
平成23年10月31日判決

裁量労働制と付き合うポイント

もし、プログラマーや裁量性がないシステムエンジニアであるにもかかわらず、裁量労働制で働いているという場合には、会社に相談し裁量労働制の見直しを図ってもらう必要があります。もし、対応してもらえない場合は、労働基準監督署に相談してみましょう。法律の定める要件を満たさずに裁量労働制が導入されていれば、それは違法・無効と判断され、これまで支払われていなかった残業代を支払ってもらえます。

とはいえ、裁量労働制を適用できる要件が満たされているのかどうか、そもそも判断できないということもあるかと思います。少しでもおかしいのではないかと感じたら、まずは弁護士などの専門家に相談して確認してみましょう（⇒Q3-7参照）。

何にせよ、自分の労働条件は実は違法なのではないかという可能性を考えてみることがスタートです。裁量労働制とはどういうものなのかをきちんと理解し、自分の労働条件が問題なくその対象となるものであるのか、一度見直してみましょう。

Q 3-4

副業に当たって気を付けるべきことは？

ある企業から副業の依頼が舞い込んできた。収入面で嬉しい話だし、今後のキャリアを考えると、是非とも引き受けてしまいたい案件。今のところ本格的に起業しようというわけではないし、会社の仕事に支障をきたすようなこともないと思うんだけど、まずいのかなあ……。

A

勤務している会社に「副業禁止規定」があるかどうかを確認しましょう。入社時にあなたがこの規定に同意していると、副業を引き受けた場合、会社から懲戒処分（重大な場合には解雇ということも）を受けてしまいます。また、副業ではあなた個人が直接、依頼主である企業と契約をすることになるので、いろいろな問題が派生します。これらに対する知識を身につける必要があります。

まずは「副業禁止規定」を確認

社会的には、副業が容認される風潮になりつつあります。しかし一方で、過去の法律や規範、一般的な会社のルールなどと照らし合わせるならば、不整合が生じることも増えてきました。副業を禁止している会社と、副業を引き受けた従業員との間で解雇処分が有効か・無効かを巡って裁判で争われたケースもあります。まだ判例は少ないながらも、注意が必要であるといえるでしょう。

このようなトラブルを避けるためには、副業禁止規定の有無を確認することが重要です。**副業禁止規定**とは、文字通り、副業（兼業）を禁止する規定のことをいいます。多くの企業で、就業規則の中にこの副業禁止規定が定められ、その違反が懲戒事由とされています。例えば、厚生労働省モデル就業規則では次のようになっています 側注1 。

側注1

モデル就業規則
https://www.mhlw.go.jp/stf/seisakunitsuite/bunya/koyou_roudou/roudoukijun/zigyonushi/model/index.html

厚生労働省モデル就業規則第68条（副業・兼業）

1. 労働者は、勤務時間外において、他の会社等の業務に従事することができる。

2. 労働者は、前項の業務に従事するにあたっては、事前に、会社に所定の届出を行うものとする。

3. 第1項の業務に従事することにより、次の各号のいずれかに該当する場合には、会社は、これを禁止又は制限することができる。

① 労務提供上の支障がある場合
② 企業秘密が漏洩する場合
③ 会社の名誉や信用を損なう行為や、信頼関係を破壊する行為がある場合
④ 競業により、企業の利益を害する場合

職業選択の自由が憲法で認められている以上（第22条第1項）、本来的には勤務時間外に何をするかは、従業員個々人の自由に委ねられているはずです。したがって、就業規則における副業禁止規定には法的拘束力がないというのも事実です。

しかし、就業規則を完全に無視して副業をしてもまったく問題がないとは言い切れない部分もあります。副業禁止規定は、例外を認めず絶対的に副業を禁止するようなものでなければ、その合理性が認められ、有効であると考えられているのです。裁判例においても、副業禁止規定の有効性自体は認められています。

また、そもそもの話として、会社の就業規則に副業禁止が明示されているにも関わらず、無許可で副業を行なえば、会社に対する雇用契約上の信頼関係を破壊する行為と評価され、働きにくくなる可能性があります。まずは、副業禁止規定があるのかどうかを確認し、禁止されているという場合には、会社側と相談するようにしましょう。

副業にOKが出たとしても……

仮に副業禁止規定がなく、副業について会社からOKが出たとしましょう。それでも、副業に伴うリスクは把握しておくべきです。

まず知っておくべきことは、準委任契約や請負契約などの業務委託契約は労働者を守る側面が弱いということです。業務委託契約は契約自由の原則（⇒Q2-1 コラム参照）に則っているため、原則として契約書の中身がすべてです。本業の会社との間に結んでいる雇用契約とは違い、労働者を守るものではないということを頭に入れておくべきでしょう。

具体的には、業務委託において契約期間の定めがあると、期間が終了すれば契約を打ち切られても文句は言えません。業務委託として契約を結ぶ場合、それはプロフェッショナルとして契約を結んでいるからです。

だからといって業務委託が、雇用契約を結んでいる正社員に比べマイナスなことばかりかというと、そうではありません。あくまでメリット・デメリットの問題であり、同じ仕事内容であれば業務委託の方が高い報酬を期待できますし、正社員であれば雇用が守られているということです。

納品後の不具合は誰の責任に？

また請負契約を締結して副業をする際には、「契約不適合責任」（改正前民法における「瑕疵担保責任」）に注意が必要です（⇒Q2-8参照）。納品物に不備があった場合に●日以内であれば修正を行いましょう、納品したら終わりではなく自分が納品した成果物に責任を持ちましょう、という話です。

例えば使用したライブラリに問題があったため、納品したソースコードにバグが発生した場合、責任は誰にあるのでしょうか。そういうケースでは、明確な判断を行った裁判はありませんが、少なくとも、脆弱性対応を怠ったことについて受注者側に重過失がある場合は、免責条項（責任制限条項）が制限され、免責の効果を得ることができない可能性が高いと考えられています 側注2 。

側注2
東京地裁
平成26年1月23日判決

さらにこれに関連して、一般財団法人ソフトウェア情報センター 側注3 が次のように述べていることにも注目すべきでしょう 側注4 。

側注3

一般財団法人
ソフトウェア情報センター
https://www.softic.or.jp/

側注4

IoT時代におけるOSSの利用と法的諸問題Q&A集

https://www.softic.or.jp/ossqa/all_180328_mc.pdf

> この判例の考え方を前提とすると、仮にOSSの不具合（脆弱性等）により、ユーザに損害が発生した場合でも、ベンダが脆弱性対応を怠ったことについて、故意・重過失が認められる場合、本件と同様、免責条項（責任制限条項）の適用が制限され、免責の効果を得ることができない可能性が高い。

副業を行うのであれば、このような責任についても自分で負わなければならない可能性があるのです。

地道に知識を身に付けていくことが重要

以上のように、副業にはいろいろな問題が派生してきます。その理由を端的に述べるならば、副業では個人が生身でクライアント企業と、準委任や請負といった形で直接契約を行うことになるためです。

雇用されている従業員は、所属企業との関係では強い労働者保護によって守られています。会社には法務や経理などのバックオフィス機能があり、日常業務では関わりがないものの、日々社員を守ってくれています。だからこそ、会社員は自分の与えられた仕事に集中できるのです。しかしながら個人で副業をする場合、そのような会社からの庇護がありません。いわば、生身で社会に接触しなければいけないというわけです。ですから法務や経理周りのバックオフィスについては、自分自身で知識を身につけ対策をする必要があります。

普段会社がクライアント企業との間でどのような契約を行い、どのようなリスクを背負って業務を行っているのかを理解していけば、それは、副業の場合の自分とクライアント企業の関係性の理解にも繋がります。本書の２章も参考にしながら、準委任や請負といった様々な契約の意味や性質、そうであるが故の対応方法などを、少しずつ覚えていくとよいでしょう。

Q 3-5

入社時にサインした契約書に同業種への転職禁止って書いてあるんだけど……

入社時に書いた雇用契約書を見直していたら、同業他社転職禁止条項という項目があったのだけれど、これは退社時には絶対に守らなければいけないの？

A

従業員が転職する場合に生じる企業のリスクとして、企業の情報やノウハウが社外に持ち出されて利用されることが考えられます。このようなリスクを回避する方法として、雇用契約書において同業他社への転職禁止条項を規定し、従業員に競業避止義務を負わせることがあります。とはいえ、転職禁止条項が有効であるか否かは個別の事情に基づいて判断されるため、慎重に検討することが必要です。

「同業他社への転職禁止条項」に注意

引き抜きなどの多いIT業界では、競業企業への就職を禁じる旨の契約を求められることがあります。**同業他社への転職禁止条項**とは、使用者と競合する企業に就職することや、自ら開業することを行わない義務（競業避止義務）を規定する条項のことをいいます。具体的には、次のような文言で規定されることが一般的です。

例

第●条（競業の禁止）

社員は、在職中はもとより、退職後2年間は、会社の許可を得ることなく、会社と競業する事業を営み、または競合する会社に雇われてならない。

第●条（賠償請求）

会社は、競業によって会社に損害が出たときは、本人に対し、損害賠償を請求することができる。

転職禁止条項の記載がなされるワケ

競業避止義務は、労働者が在職中の場合であれば、雇用契約書等で特別の条項を規定しておかなくとも、信義則（⇒Q 2-4参照）を根拠に認められます。これは労働契約法第3条4項において定められており、ここから従業員と会社はお互いの利益を害さないという義務を信義則上負うものと考えられています。

労働契約法第3条4項

労働者及び使用者は、労働契約を遵守するとともに、信義に従い誠実に、権利を行使し、及び義務を履行しなければならない。

一方、労働者の退職後については、雇用契約が終了している以上、信義則を根拠に競業避止義務を認めることは原則としてできません。しかし、会社側としては、退職した元社員に、その会社の技術やノウハウ、顧客情報などをライバル会社に持っていかれ、類似の製品・サービスを展開されるなどして営業上の利益を侵害されることを避けたいものです。

そのため、労働者に競業避止義務を負わせるために、同業他社への転職禁止条項をあらかじめ雇用契約書で規定しておくことになります。あるいは労働者が退職する際に、合意書を締結するか、誓約書などを差し入れてもらうという形で対応することもあります。

職業選択の自由を侵害する規定は認められないが……？

しかし、同業他社への転職禁止条項は、労働者の職業選択の自由（憲法第22条第1項）を制限することとなるため、その制限があまりに強いと、公序良俗に反し、無効と判断される可能性があります。

憲法第22条第1項

何人も、公共の福祉に反しない限り、居住、移転及び職業選択の自由を有する。

その判断は具体的事情との関係で個別的になされるのですが、過去の例を見ると、裁判所は以下のような要素から有効性を判断していると考えられます。

裁判所が転職禁止条項の有効性を判断する要素

1. 競業禁止の期間

競業禁止の期間が長いと転職禁止条項の有効性を否定する方向に働きます。

2. 競業禁止の地域

競業禁止の地域が広いと転職禁止条項の有効性を否定する方向に働きます。

3. 禁止される業務の範囲

禁止される業務の範囲が広いと転職禁止条項の有効性を否定する方向に働きます。

4. 禁止対象者の地位や役職

地位や役職の高い者が対象であると、その分重要な情報や機密性の高い情報に接していると考えられるため、転職禁止条項の有効性を肯定する方向に働きます。

5. 代償措置の有無

十分な代償措置（地位に基づく高額な年収、ストックオプションの付与、高額な退職金の支給などの事情）が講じられている場合には、転職禁止条項の有効性を肯定する方向に働きます。

側注1

奈良地裁
昭和45年10月23日判決

側注2

ただし差止請求については、労働者の職業選択の自由を制約する程度が強いため、雇用契約書等において競業行為の差し止めを認める条項が規定されていることに加え、放置すれば会社に回復しがたい損害が生じるということを立証する必要があります。

これらはいずれも単独で考えることはできません。「競業禁止の期間が1年程度であれば有効」などといった単純な基準はなく、他の事情との関係で適切といえるかどうか、という観点から判断されています。退職前に在籍していた会社の営業が特殊な分野であり、また、競業禁止の期間が2年間という比較的短いものであったことから、競業禁止の地域が無制限でも、転職禁止条項は有効であるとされた裁判例もあります側注1。

同業他社への転職禁止条項が有効である場合、従業員がこの条項に違反をすると、企業は、債務不履行としての損害賠償請求や、競業行為の差止請求を行うことが考えられます側注2。

同業他社への転職は慎重に

これまで見てきたように、転職禁止条項が有効であるかどうかは、個別の事情から判断されます。会社の側も、競業避止の期間や地域、対象者、職種の範囲、会社の利益（企業秘密の保護）と従業員の不利益（転職、再就職の不自由）とのバランス、企業秘密の内容や程度、社会的利害などを考慮して条項を設けるでしょう。損害賠償請求や競業行為の差止請求を受ける可能性がある以上、自己判断で、転職禁止条項は無効だと決めつけて同業他社に転職するのはリスクがあります。

確かに、転職先をむやみに教えない、転職後も前職で得た情報に関する発言に気を付ける、といった形でペナルティを回避することは可能です。それでもやはり、そもそもどういった転職が禁止されているのかしっかりと把握した上で、それに違反しない形で転職できた方が安全であることは間違いありません。

したがって入社時や退職時には、誓約書や就業規則に競業避止義務についての記載がないか、必ずチェックするようにしましょう。そして、渡された書面に不都合な転職禁止条項の記載があればサインをしない、サインをしたのであれば転職先を決める前に競業避止義務違反に該当しないか会社に相談してみる、といった形で事前にトラブルを防ぐことをおすすめします。

Q 3-6

退職時に求められた合意書にサインする必要はある？

退職したいと申し出たら、退職合意書にサインするよう求められたのだけれど、サインしなければいけないの？　法律用語が多くて内容がよくわからないし、こちらが一方的に損するのは嫌だし……。

A

従業員の退職時に、会社と従業員との間で、退職合意書が締結されることがあります。退職合意書の目的は、会社と退職した従業員との間で、退職後にトラブルが生じることを防ぐ点にあります。退職合意書締結のメリットは会社と退職する従業員の双方にありますが、内容に合意できないという場合はサインをする必要はありません。

退職合意書は双方にメリットがある

退職合意書とは、従業員が退職する際に、「合意の上で退職」したことを証明する書類です。従業員が、退職する場合に生じる企業のリスクとして、不当な金銭の支払請求、企業の情報やノウハウの社外流出・不正利用などが考えられます。そのため、このようなリスクを回避する方法として、退職合意書の中で、機密保持、競業避止など、社員の退職にあたっての約束事を定め、遵守するよう誓約を取るのです。

特にエンジニアなどの技術職の場合、システム開発の重要な秘密情報を知り得る機会が多いので、機密保持は必須といえるでしょう。また、転職は自分が持っているスキルやノウハウを武器にすることが多く、IT 業界の場合、同じ業種、競合他社への転職の可能性は大いにあり得ます。そのため、会社側としては、同業種の起業や、競合他社への転職を禁止する競業避止も欠かせない条項です。

また、退職合意書の締結は、退職するエンジニアの側にもメリットがあるということを理解しておくべきでしょう。未払賃金・未払残業代・退職金などの支払時期や金額を明確にすることは、退職後の見通しを立てる上でも必要なことだからです。

さらに、退職合意書に記載されることがある離職理由も、退職者にとっては重要です。なぜならば、自己都合退職なのか、会社都合退職なのかにより、失業保険を受け取れる時期などに影響が生じるためです。退職合意書には、このような離職理由を明確にするという利点もあるのです。

一般的な退職合意書の内容

退職合意書の内容については、会社と退職する従業員との関係で決定されるもので、ケースバイケースといえますが、一般的には次のような内容が含まれています。

① 未払賃金、未払残業代、退職金等の支払いに関する条項

未払賃金、未払残業代、退職金等の支払いに関する条項については、そもそも金銭の支払義務が会社に認められるか、認められる場合には、いつまでにいくらを支払うかなどについて規定されることがあります。

例

> 乙は甲に対して、令和●年●月●日までに、最終給与として●月●日から●月●日までの賃金、退職金として●●●●円を以下の口座に振り込む方法で支払う。
>
> ●●銀行●●支店
>
> 普通預金口座番号　●●●●●●●
>
> 口座名義　●●●●●●●

なお、別途「この合意書の他には、会社の債務はない」という確認の一文が必ず入ります。つまり、この条項に記載がない金銭について、合意後に請求することはできなくなってしまうことになるため、支払ってもらうべき金銭についてすべて記載があるか、チェックしましょう。

② 離職事由に関する条項

離職事由に関する条項については、会社都合の退職なのか、退職する従業員の自己都合による退職なのかが記載されることが一般的です。退職が強要されているような場合でも、サインしてしまえば「解雇」ではなく「合意退職」となり、不当解雇や解雇の無効を主張することはできなくなります。実際の離職事由と齟齬がないか、きちんと確認しましょう。

例

前条の雇用契約の終了については、甲乙双方が納得の上での合意退職であることを確認する。

③ 法的な責任に関する条項

退職合意書の中で、退職合意書の内容に違反した場合の双方の法的責任について規定されることがあります。自分が何をすればどういった責任を負うのか、会社側が何を請求できるのかをしっかり把握しておきましょう。

例

1. 甲は、乙が第●条に定めた最終給与および退職金の支払いを怠ったときは、退職の合意を撤回することができる。この場合、甲は乙を退職しなかったものとし、乙は甲に対して、令和●年●月●●日付で行った給与辞令を撤回し、月額●●万円の賃金を支払うものとする。なお、当該賃金は、今後2年間減額できないものとする。
2. 前項の規定に基づき、退職の合意が撤回された場合、乙は、第●条に定めた返済の免除を撤回することができる。
3. 甲が第●条の定めに違反した場合、乙は甲に対し、第●条に定める退職金の返還を求めることができる。

④ 守秘義務に関する条項

守秘義務に関する条項については、雇用契約に規定されていることも多いため、雇用契約の内容を確認するに留めるケースもありますが、退職合意書の中で、改めて守秘義務に関する条項を規定するケースもあります。

例

乙は、在籍中に従事した業務において知りえた甲が秘密として管理している技術上・営業上の情報について、退職後においても、これを他に開示、漏洩又は自ら使用しないことを誓約する。

また、データ類の返却についての規定がある場合もあるので、手元に会社の重要な機密データが残っていないか、確認した上でサインするようにしましょう。

例

乙は、前項にかかる情報については、製本・複写等の別を問わず、すべて甲に返却しており、現在は一切所持していないことを誓約する。

5 競業避止義務に関する条項

守秘義務に関する条項と同様に雇用契約に規定されていることも多いため、雇用契約の内容を確認するに留めるケースもありますが、退職合意書の中で、改めて競業避止義務に関する条項を規定するケースもあります。違反した場合に損害賠償請求などを受ける可能性もあるので、どういった場合に競業避止義務違反となるのかをきちんと把握しましょう。

例

1. 雇用契約書、就業規則その他の定めにしたがい、甲は、●年間、乙に対して競業避止義務を負うものとする。
2. 甲は、2年間、乙の許可がない場合には、競業する企業へ転職すること、および競業する事業を自ら行うこと、または競業する事業を行う会社の役員になることができないものとする。
3. 甲は、●年間、別紙記載の乙の既存の顧客に対して一切の営業行為を行ってはならない。

合意書の内容に納得できない場合は……

望まない「合意」が成立してしまわないためにも、よくわからない法律用語が並んでいるからと読み飛ばしてサインしてしまったりはせず、合意の内容が理解できるまで会社側に説明してもらうようにしましょう。

円満に退職したいのなら、最終的には会社に従って書いた方がよいかもしれません。しかしどうしても内容に納得できないのならば、書かなくても問題はありません。退職合意書にサインしなかったとしても、会社は退職を拒否できないからです。

また、退職合意書へのサインは、合意書を提案されたまさにその場、その時でなくても可能であり、焦って判断する必要はありません。サインしてもよい内容かわからないという場合には、一度持ち帰って、慎重に検討する方法を選ぶことをおすすめします。

Q 3-7

弁護士ってどうやって探すの？

トラブルになってしまい、自力では解決できそうにない。弁護士に相談して法律的なアドバイスを得たいのだけれど、法律トラブルにあったことなんてないし、身近に弁護士もいない。弁護士って、どうやって探せばよいのだろう？

A

弁護士の探し方はいろいろありますが、それぞれのメリットとデメリットを考えつつ、「相性のよい弁護士」を選ぶようにしましょう。「相性のよい弁護士」の基準は人それぞれであり、医者を選ぶ場合に似ていますが、プライベートな情報を話して相談することになるので、より慎重になってよいでしょう。

トラブルが起こったときに誰を頼るか

民法や著作権法、特許法など、IT エンジニアが知っておくべき法律は多くあります。しかし、いくら法律知識を身に着けていたとしても、いざトラブルが発生してしまうと、どうしていいかわからなくなってしまうものです。

もし、大きな企業に所属するエンジニアであれば、社内の法務部や顧問弁護士に頼ることができるでしょう。しかし、法務部がなく、顧問弁護士もいないような中小企業のエンジニアや、フリーランスのエンジニアの場合には、法的トラブルが発生して初めて弁護士を探す、というようなことになるかと思います。

その際、抱えている問題を扱ってもらうのにふさわしい弁護士はどのように探したらよいのでしょうか。それまで法的トラブルにあったことがなく、身近に弁護士がいないのであれば、弁護士の探し方や選び方がわからないものです。ここでは、弁護士の探し方と、弁護士を選ぶ際のポイントについて解説します。

弁護士選びは医者選びに似ている？

弁護士選びにおいて重要なのは「相性」です。人格や性格を踏まえ信用できる弁護士であるかという点でも、依頼したい分野の取り扱い実績が多いかという点でも、この「相性」というのは安心して依頼するために大切なポイントです。

まず大切なのは、話を十分に聞いてくれる、依頼人にとって不利な情報も教えてくれるなど、信頼できる弁護士であるということです。また法律関係では専門用語が多くなりがちですが、依頼人が理解できるようにわかりやすい言葉で話してくれるかどうかも重要です。この点、弁護士を選ぶことは、医者を選ぶことに似ているかもしれません。

また、これも医者を選ぶ場合と同じなのですが、その弁護士がどんな分野を多く取り扱っているかというのは、注目すべきポイントです。しかし、医師とは異なり、弁護士には医者における学会認定専門医制度 側注1 のような客観評価の仕組みがなく、厳密には専門分野が存在しません。「脳外科医」や「眼科医」などのように看板で専門分野がはっきりとわかれば早いでしょうが、弁護士が「離婚・男女問題」「交通事故」など事実上の専門分野・得意分野を表示していたとしても、それはあくまで自己申告であることから、判断が難しい部分です。

側注1

学会認定医とは、高度な知識や技量、経験を持つ者として、それぞれの学会が認定した医師・歯科医師のことです。現在約50の学会で、研修指定病院での勤務期間や学会、講演会の出席回数を指定したうえで試験（筆記や実技）を行い、これに合格した者を「学会認定医」と認定しています。

弁護士も医師も信頼できることが第一

具体的な弁護士の探し方

弁護士を探すには、次のような手段があります。

知人の弁護士を頼る

知人に弁護士がいたり、知人が弁護士を紹介してくれる場合があったりするかもしれません。後者の場合、初めて会う弁護士でも安心感があるのがメリットです。話もしやすいでしょう。ただしデメリットとしては、得意としている領域がこちらの希望と異なったり、紹介された弁護士との相性が悪かったりした場合に変更しづらいことなどがあります。

弁護士会・自治体に問い合わせる

弁護士会 側注2 や地方自治体 側注3 に問い合わせて、紹介してもらうことも可能です。メリットとしては、弁護士の対応に不満があった場合に、本人ではなく紹介先に連絡すれば済むということです。弁護士本人には言いづらいことが、言える場所があれば心強いでしょう。デメリットとしては、紹介を受けるには基本的に弁護士会や地方自治体に出向く必要があります。窓口での対応時間が限られているのも、不便といえます。

法テラスを活用する

「法テラス」とは、国によって設立された、国民向けの法的支援を行う中心的な機関で、正式名称は「日本司法支援センター」です 側注4。経済的に余裕のない人は、法テラスが定める条件を満たしていれば無料で相談することも可能です。法テラスで法律相談を受けるには事前予約が必要ですが、この予約の際に法テラスを利用できる条件に該当するかどうかを確認するため、まずは近くの法テラスに問い合わせてみましょう。ただ、依頼できる弁護士は法テラスのスタッフ弁護士か登録弁護士に限られます。これがデメリットといえますが、紹介してもらうだけではなく、こちらから法テラス登録弁護士を調べて、探すことは可能です。

事務所をネットで直接調べる

多くの弁護士事務所では、事務所のサイトを持っていますので、ネットで探す人も多いでしょう。暇な時間に手軽に、自分の条件に合いそうな弁護士を探すことができます。デメリットは、情報の信頼性の見極めが難しいことでしょう。

側注 2

各弁護士会では有料の法律相談を行っています。相談料は30分以内5000円前後で、事件を依頼する場合には、法律相談を受けてから、弁護士を斡旋してもらうという形になります。

側注 3

区役所や市役所、商工会議所・商工会などでも、無料で30分前後の法律相談ができます。弁護士を探しているということであれば弁護士の法律相談センターなどを案内してくれますので、まずは自治体に問い合わせてみるというのも手です。

側注 4

法テラス
https://www.houterasu.or.jp/

弁護士選びの注意点

それぞれの取り扱い分野で実績があるかどうかが最も重要な点ですが、自分が依頼したい分野の取り扱い実績が多い弁護士に依頼した方がよいのは当然です。サイトに「主な業務分野」や「取り扱い分野」などの形で専門分野や得意分野を表示するだけでなく、解決実績などを記載しているケースも多いので、それを参考にしましょう。歴史のある法律事務所や、弁護士歴の長いベテラン弁護士であっても、依頼したい分野の実績が乏しいのであれば、必ずしも適任とはいえません。特にエンジニアであれば、専門的な知識や判断が必要な場合もあるため、IT 分野での取り扱い実績を持つ弁護士に依頼するのが望ましいでしょう。

手前味噌ですが、筆者が代表弁護士を務めるモノリス法律事務所は、「IT・インターネット・ビジネス」をキーワードに、システム開発法務や知財法務などを手がけており、例えば、Google で「ソースコード 著作権」を検索すると、本書籍執筆時現在、第２位に事務所内記事が表示されます 側注5 。Google 検索なども活用しながら、自分が相談したいジャンルに強い法律事務所を探すとよいでしょう。

正式な依頼となった場合、メールや電話での連絡だけではなく、直接弁護士と会わなければなりません。訴訟をする場合などは、何度も法律事務所に行く可能性があります。立地も条件の一つにする方がよいかもしれません。

なお、弁護士には、正式に依頼する際に**委任契約書**を交わす法的義務があります。これは弁護士に依頼する際に、どのような案件をどのような金額で委任するのかが記載された契約書のことで、委任契約書を作成しないことは弁護士の義務違反となります。そのような弁護士や、費用面について明確に説明してくれない弁護士には、注意しましょう。

信頼できる弁護士が見つかるとよいですね。

側注
5

モノリス法律事務所
https://monolith-law.jp/

Q 3-8

争わずにお互い譲歩して解決したい……

フリーランスとして携わっているシステム開発で、発注者との間でトラブルが生じている。発注者は大企業であり、力を背景に理不尽な要求を行なってきた。大口の取引先であるから関係を損ねたくはないが、訴訟するしかないのだろうか。紛争を交渉によって解決することはできるのかしら？

A

システム開発プロジェクトにおいて、何らかの紛争が巻き起こった場合、すべての紛争が裁判所に持ち込まれるわけではありません。当事者間での交渉によって解決される場合の方が、実数としてははるかに多いものです。法務的な見地からシステム開発をめぐる紛争の解決策を検討する際には、交渉によって相互に折り合いのつく妥協点をいかにして探り当てるかという問題が、大きな意味を持っています。

訴訟はあくまで最終手段という認識を

システム開発に限らない話ではありますが、何かしらの法的な争いが起こるとして、必ずしも訴訟という形をとるとは限りません。訴訟はむしろ最終手段と位置付けるべきものです。

では訴訟まで発展させずに法的問題を解決するには、どのような方法がとられているのでしょうか。それは裁判外の交渉による紛争の解決、つまり、当事者間で合意を形成して紛争を解決するという方法です。紛争の当事者が相対で交渉し、利害を調整してトラブルの解決についての合意ができれば、紛争解決にこぎつけることができます。

交渉に基づいて紛争を解決していこうとする場合、法律的な視点を維持しつつもそれに拘泥することなく、ビジネス的な利害得失を検討していく冷静さを持つことが重要となります。

裁判と交渉　そのメリットとデメリット

ではメリット・デメリットという観点から、裁判による紛争解決と、交渉による紛争解決の特徴を確認してみましょう。

	メリット	デメリット
裁判による紛争解決	大きな争いがあっても解決に至る	時間や費用がかかる
	判決が確定すれば強制執行が可能	労力も多大
		解決内容に硬直的な面がある
交渉による紛争解決	柔軟な解決が可能	お互いの合意が前提であるため、大きな争いの場合は解決できないこともある
	事案によっては簡易迅速に解決可能	当事者の力関係に影響されることがある
	解決までの期間が短いために、かかる費用も低額で済む	合意に至ったとしても強制力がない

裁判・交渉による紛争解決のメリットとデメリット

交渉を上手く進めるためのポイント

まずは交渉を行い、折り合いがつかない場合には訴訟、という流れが一般的です。裁判になった場合のことも考えながら、交渉を進めることが望ましいといえるでしょう。具体的には、訴訟に発展した際に証拠として使えるよう、交渉の過程を形に残しておくことが大切です（⇒Q2-12参照）。口頭でのやり取りではなく、メールや書面での交渉を行いましょう。これは、交渉の中でも言った言わないの争いを生まないために重要なことです。

また、話がこじれそうだと感じたら、その段階で弁護士を挟むというのも考えてみましょう。裁判になってから頼めばよいと思うかもしれませんが、弁護士を入れることで交渉が纏まることもあります。また、交渉段階で弁護士に依頼していれば、裁判に移行するときもスムーズだという利点があります。

もちろん、当事者同士の交渉で穏便に解決できるのがベストではありますが、一度紛争になってしまうと、なかなかお互いの落としどころに辿り着けないものです。交渉に失敗したときのことも考えて、紛争解決を目指しましょう。

第4章

契約書の 要チェックポイント

最終章では、難しくてよく分からない契約書の
「どこ」を読めばいいのかを解説していきます。
取り上げたのは、IT エンジニアに関わりが深いものばかり。
必要に応じて具体的な記述例を確認しながら、
「いざ」というときのためにチェックポイントを押さえておきましょう。

Q 4-1

法的文書のチェックはデバッグに似ている？

契約書のような法的文書のチェックや修正は、どう行えばいいのだろう？　法的文書というものをどのように理解し、どう取り扱い、どんなことに気を付けたらいいのかが、わからない。

A

契約書は、「現実世界を規律するプログラム」ともいえるものです。したがって、契約書のチェックとプログラムのチェックには似ている部分があります。契約書を渡されたときには、デバッグを行うときと同じような心構えで確認するとよいでしょう。

契約書をデバッグするという視点

デバッグ、つまりバグを見つけ出し、それを修正するという作業を行うためには、一般的に以下のようなプロセスが必要になります。

プログラムのデバッグに必要なプロセス

1. プログラムがどのようなアルゴリズムなのか読解する
2. そのプログラムがどのような条件の下で動作するものなのかを検討する
3. その際に想定外の挙動が発生しないか検討する

実は契約書のチェックも、この作業と似ているところがあるのです。それぞれ、契約書のチェックポイントに置き換えると次のようになります。

契約書のデバックに必要なプロセス

1. 契約書によって、民法等の原則がどのように上書きされ、結果としてどのようなアルゴリズムとなっているかを理解する
2. そのアルゴリズムの下で、将来どのような事象が発生し得るかを検討する
3. その際に想定外の挙動が発生しないか検討する

契約書はアルゴリズムを上書きするもの

ただし一つ目のプロセスについて、「契約書」というものには、法律を専門にしていない人には理解し難い、しかし極めて重要なポイントがあります。契約書は、その当事者間を規律するアルゴリズムの「一部」だけを規定するものである、というポイントです。言い換えれば、契約書を読むだけでは、自分と相手がどのようなアルゴリズムの下に規律されるのか、その全貌を知ることができないのです。

例えば店で中古 CD を購入する場合、店と客は「売買契約書」のようなものを締結する訳ではありません。しかし購入した CD の盤面に、プレイヤーで再生不能な傷があったら、店に文句を言いたくなりますし、「店はそれに応じてくれるはずだ」と期待するでしょう。これは「サービス業なのだから」というレベルの話ではなく、理論的には、次のような理屈になります。

不良品に対して店側が対応しなければならない理由

- 契約書が無くとも、売買契約は締結されている（⇒Q2-2参照）
- 民法は、中古 CD など（「特定物」と呼ばれます）の売買契約について、売主には契約不適合責任が生じる旨を規定している（⇒Q2-8参照）
- したがって、民法の定めるアルゴリズムが店・客の間で走っており、店は契約不適合責任を負う

これは、システム開発など、企業間で締結される契約の場合

も同様です。例えば甲乙間[側注1]で請負型のシステム開発の契約書が締結されている場合、次のような構造になります。

側注1

契約書においては、文章をわかりやすくするために、当事者の表示として「甲」「乙」という言葉が用いられます。

システム開発で契約不適合責任が生じる理由

- 当該契約書を交わすことによって明確に、請負契約が締結されている
- 請負契約の場合、民法の定めによって受託側に契約不適合責任が生じる
- 契約書に契約不適合責任の定めがあるのであれば、その定めは民法原則を上書きする。例えば、民法原則より長い期間の契約不適合責任条項を設けておけば、その期間の定めが有効となる

つまり、例えば契約書に特段、契約不適合責任に関する定めがなくても、契約不適合責任は発生するということです。これは、請負やシステム開発などに限定された話ではなく、株式の譲渡、デットでの資金調達（金銭消費貸借）、雇用、株式発行など、あらゆる契約に関しての一般論です。民法や商法といった法律は、売買契約、準委任契約、請負契約、消費貸借契約、雇用契約、株式の引受契約といった様々な契約について、デフォルトのアルゴリズムを用意しています。

したがって、契約書を読むだけでは、相手と自社の関係を規律する「アルゴリズム」の全貌を掴むことはできません。その全貌を掴むためには、「民法などの法律が定めるデフォルトのアルゴリズム」を理解している必要があります。契約書は、あくまでその「デフォルトのアルゴリズム」を上書きするものに過ぎないのです。

「想定外の挙動」を想定できなければデバッグはできない

また、アルゴリズムを理解するだけでは、「そのアルゴリズムで想定外の動作は発生しないのか」という点を検証することはできません。「バグ」の場合と同様で、アルゴリズムはあくまで抽象

的なものであり、将来どのような事象が発生するのかを想定しなければ、「そうした事象が発生した場合に想定外の挙動とならないか」を検証することができないからです。

「想定外の挙動」を想定しておくという視点の重要性は、まだこの世に存在しない新しいタイプのサービス、ビジネススキームの場合、さらに顕著になります。そのサービスが利用する別のサービス(例えばサーバー)や、そのサービスのクライアントなどとの間で、どういったトラブルが発生し得るのかをあらかじめ予測しておく力が求められます。

またこれは、クライアントからの返金請求が来た場合、軽い修正依頼が来た場合、支払いが1ヶ月遅れた場合など、日常業務にまつわるトラブルに対応するためにも不可欠です。この様々な「事象」を想定し、そうした事象が契約書にとっての「想定外の挙動」とならないか、契約書を入念にチェックすることが必要になります。

「デバッグ」にはある程度の知識が必要

こういった契約書のチェックや修正作業には、法律の理解や、その契約が規律する事業の内容、ビジネススキームへの理解、当該企業や経営感覚の理解などが求められます。とはいえ最低限の知識さえあれば、法律文書に問題がないかを検証し、問題がある場合には修正するという「デバッグ」作業は、エンジニアやプログラマーにとってそう難しいことではないはずです。

この章ではITエンジニアに関係する各契約形態について、契約書の法的なチェックポイントを確認していきます。あわせて自分が携わっている事業の内容など、上に挙げた事項についてある程度知識を付けておけば、より理解が深まることでしょう。このような地道な積み重ねによって、どういった条項が将来的に問題となる可能性があるのか判断できるようにしておくことが、自分や会社の身を守ることにつながるのです。

Q 4-2

利用規約を作る場合の注意点は？

利用規約の作成を頼まれたけれど、どんなことに注意すればいいの？　ひな形や他のサービスを参考にして作ったもので大丈夫かな？　でも、サービスの独自性に対応した形で作らないと、ユーザーからのクレームで大変なことになるなんて聞いたこともある気が……。

A

利用規約とは、サービスを提供する事業者がユーザー向けに整理したサービス利用上のルールを文章にまとめたものです。この利用規約は訴訟に発展した際、裁判所が判断を加えるための資料になります。そのため、利用規約の内容は、サービスを提供する中で起こりうる様々なトラブルを想定して作成する必要があります。ひな形などを利用することは問題ありませんが、自社サービスに適した規約になっていない場合には、その部分について修正や加筆が必要です。

利用規約を「作る」ときに必要な視点

インターネット上のサービスにはおおむね、**利用規約**というものが存在します。この利用規約の内容は、事業者とユーザー間でトラブルが起った際の解決内容に影響し、類似の事例であっても利用規約の内容によっては結論が大きく変わる場合があります。

また利用規約は、事業者が一方的に作成できるものです。法令違反となる規定がない限り、ユーザーはその利用規約に同意するか同意しないかという範囲でしか決定権がありません。そのため、利用規約は慎重に作成する必要があり、ユーザーとして規約を「読む」場合と（⇒Q1-6参照）、事業者として規約を「作る」場合には、別の視点が求められます。

もしかすると、利用規約を作るのは自分の仕事ではない、と思っているエンジニアもいるかもしれません。しかし、エンジニア自身が利用規約を作成する場合もありますし、作成自体は法務担当であるとしても、エンジニアとして利用規約について意見を求められるような場合もあります。法律的に穴のない利用規約であることも重要ですが、サービスごとに適した利用規約を作成するには、そのサービスについての理解が必要です。そして、サービスの内容や、ユーザーから取得する情報、その利用目的などは、実際にサービスを作っているエンジニアが誰よりもよく知っているはずです。

あまり難しく考えすぎず、まずは基本的な利用規約の規定を把握し、利用規約を作るというのはどういうことなのか、理解しておきましょう。

利用規約に共通して必要な規定

利用規約の作成については、自社の提供するサービスに依拠した形で作成しなければいけない部分が大きいのですが、どのようなサービスを提供するのであれ、次のような項目が、共通して必要となります。

1 利用規約への同意

利用規約を実際に適用するためには、適用対象となる各ユーザーから同意をしてもらう必要があります。全文表示しなければ、同意ボタンを押せないようにするなど、「クリック」という行為に重みを持たせて、何か問題が起こった際に反論・対抗が出来るようなサイト設計にするとよいでしょう。

2 利用規約の変更

利用規約への同意を得た後も、サービス内容が変わったりした場合に備え、利用規約の変更方法について規定します。

なお、ユーザーにとって影響が大きい条件や、不利益が及ぶ条件の変更を行う場合は、変更内容と、「変更日以降にサービスを継続利用していることをもって変更に同意したものとみなす」などの旨を通知するといった対応を定めるべきです。

例

1. 当社は、本サービスの内容を自由に変更、廃止することができるものとします。

2. 当社は、本規約（当社ウェブサイトに掲載する本サービスに関するルール、諸規定等を含みます。以下本項において同じ。）を変更できるものとします。当社は、本規約を変更した場合には、登録ユーザーに当該変更内容を通知するものとし、当該変更内容の通知後、登録ユーザーが本サービスを利用した場合又は当社の定める期間内に登録取消の手続をとらなかった場合には、登録ユーザーは、本規約の変更に同意したものとみなします。

③ 定義

自社のサービス提供の中で、独自に用いられている用語に関しては、「用語の定義」に関する規定を設けて、裁判所などの第三者から見ても、利用規約の内容の意味を明確に読み取れるようにしておく必要があります。

例

「登録ユーザー」とは、第●条に基づき本サービス会員としての登録がなされた個人又は法人を意味します。

④ アカウントの登録・管理

後々トラブルにつながりかねない対象を除外すべく、除外事由を列挙した規定を設け、過去に問題を起こしたユーザーが再登録を試みようとしてきた場合や、未成年者取消等の民法上の取消が認められる場合を想定しておきます。また、反社会的勢力などとの関係を断ち切る旨を規約や条約の条項に入れておくことは、上場会社との取引などにおいて求められる最近の傾向です。

⑤ パスワード及び登録情報の管理

アカウントの共用は売り上げの減少を招いてしまいますし、アカウントの共用・譲渡はセキュリティ上のトラブルの原因になる可能性もあります。そこで、アカウントの共用・譲渡の禁止、自己の責任の下で管理する旨を規定し、これらに反したことによって発生した事故は、ユーザーの自己責任となることを明記しておきます。

例

1. 登録ユーザーは、自己の責任において、パスワード及び登録メールアドレスを管理及び保管するものとし、これを第三者に利用させたり、貸与、譲渡、名義変更、売買等をしてはならないものとします。
2. パスワード又は登録メールアドレスの管理不十分、使用上の過誤、第三者の使用等による損害の責任は登録ユーザーが負うものとし、当社は一切の責任を負いません。
3. 登録ユーザーは、パスワード又は登録メールアドレスが盗まれたり、第三者に使用されていることが判明した場合には、直ちにその旨を当社に通知するとともに、当社からの指示に従うものとします。

6 禁止行為

アプリやWebサービス上では、迷惑行為や有害な行為を行うユーザーが必ず一定数現れますが、禁止する規定をあらかじめ用意していなかった場合、迷惑行為をやめさせることは事実上難しくなります。そこで、あらかじめ利用規約の中に「禁止行為」として列挙しておくことが必要になります。これは、実務上最も重要な規定の一つといえます。

例

1. ユーザーは、本サービスの利用にあたり、以下の各号のいずれかに該当する行為をしてはなりません。

1)当社または第三者に損害を与える行為、または損害を与える恐れのある行為
2)当社または第三者の財産、名誉、プライバシー等を侵害する行為、または侵害する恐れのある行為
3)公序良俗に反する行為、またはその恐れのある行為
4)他人のメールアドレスを登録するなど、虚偽の申告、届出を行う行為
5)コンピュータウィルス等有害なプログラムを使用または提供する行為
6)迷惑メールやメールマガジン等を一方的に送付する行為
7)その他、法令に違反する行為、またはその恐れがある行為
8)その他当社が不適切と判断する行為

2. 上記に違反した場合、当社はユーザーに対し損害賠償請求をすることができることにユーザーは同意します。

⑦ 本サービスの停止等

ウェブサービスにおいては、サーバーに過度の負荷がかかった場合や、メンテナンスを要する場合などに、サービスの中断、停止等をしなければならないことがあります。そのような場合に備えて、任意にサービスの提供を停止または中断できるようにしておくことが重要です。

例

1. 当社は、以下のいずれかに該当すると判断した場合には、登録ユーザーに事前に通知することなく、本サービスの利用の全部または一部を停止または中断することができるものとします。

(1) 本サービスにかかるコンピューター・システムの点検または保守作業を定期的又は緊急に行う場合
(2) コンピューター、通信回線等が事故により停止した場合
(3) 地震、落雷、火災、停電または天災などの不可抗力により本サービスの運営および提供ができなくなった場合
(4) その他、当社が停止又は中断を必要と判断した場合

2. 当社は、当社の都合により、本サービスの提供を終了することができます。この場合、当社は登録ユーザーに事前に通知するものとします。

3. 当社は、本条に基づき当社が行った措置に基づきユーザーまたは第三者に生じた損害について一切の責任を負いません。

⑧ 権利帰属

著作権等の知的財産権の権利帰属を明確にする条項です。ユーザーからコンテンツの投稿を受け付けるような場合、第三者の権利を侵害しているコンテンツを放置していると、運営者が対処を求められ、訴訟を提起されてしまうリスクがあります。そのため、投稿コンテンツが第三者の権利を侵害していない旨について約束を取り付け、ユーザーから投稿されたコンテンツの著作権について規定します。著作権は、利用規約に規定がなければ、サービス運営者に移転したり、利用が許諾されたりすることはないので、運営者が利用するためには、ユーザーから権利を譲り受けるか、ユーザーからの権利の利用について許諾を受ける必要があります。

例

1. 当社ウェブサイト、当社アプリ又は本サービスに関する所有権及び知的財産権は全て当社又は当社にライセンスを許諾している者に帰属しており、本規約に定める登録に基づく本サービスの利用許諾は、当社ウェブサイト又は本サービスに関する当社又は当社にライセンスを許諾している者の知的財産権の使用許諾を意味するものではありません。登録ユーザーは、いかなる理由によっても当社又は当社にライセンスを許諾している者の知的財産権を侵害するおそれのある行為（逆アセンブル、逆コンパイル、リバースエンジニアリングを含みますが、これに限定されません。）をしないものとします。

2. 当社ウェブサイト又は本サービスにおいて、登録ユーザーが投稿その他送信を行った文章、画像、動画その他のデータ及び本コンテンツについては登録ユーザーに権利が留保されるものとし、当社において、無償で自由に利用（複製、複写、改変、第三者への再許諾その他のあらゆる利用を含みます。）することができるものとします。

9 登録取消等

規約違反か登録情報に虚偽の事実があることが判明した場合、登録ユーザーは、債務の一切について当然に期限の利益を失い、直ちにすべての債務の支払いを行わなければならないことを規定します。

例

1. 当社は、登録ユーザーが、以下の各号のいずれかの事由に該当する場合は、事前に通知または催告することなく、当該登録ユーザーについて本サービスの利用を一時的に停止し、またはユーザーとしての登録を抹消、もしくはサービス利用契約を解除することができます。

（1）本規約のいずれかの条項に違反した場合
（2）登録事項に虚偽の事実があることが判明した場合
（3）当社からの問いあわせその他の回答を求める連絡に対して15日間以上応答がない場合
（4）第●条第●項各号に該当する場合
（5）その他、当社が本サービスの利用、ユーザーとしての登録、またはサービス利用契約の継続を適当でないと判断した場合

2. 当社は、本条に基づき当社が行った行為により登録ユーザーに生じた損害について一切の責任を負いません。

10 免責事項・損害賠償

ユーザーが事業者に対して損害賠償責任を負う場面について規定し、事業者側の免責事項について規定します。「当社は一切責任を負いません」という免責規定は無効となる場合があるので、サービス運営者の責任について利用規約中にどのように規定しておくべきかは、重要な問題です。

例

1. 当社は、本サービスにおいて得られる情報及び本コンテンツの正確性、合法性、最新性、適切性、安全性等及び広告配信の効果等につき如何なる保証も行うものではありません。さらに、登録ユーザーが当社から直接又は間接に本サービス、本コンテンツ又は他の登録ユーザーに関する情報を得た場合であっても、当社は登録ユーザーに対し本規約において規定されている内容を超えて如何なる保証も行うものではありません。

2. 当社は、予告なしに、本サービスを停止または中止し、また本サービスに含まれている情報の全部または一部を変更する場合があります。

3. 登録ユーザーが本サービスを利用したこと、または何らかの原因によりこれをご利用できなかったことにより生じる一切の損害および第三者によるデータの書き込み、不正なアクセス、発言、メールの送信等に関して生じる一切の損害について、当社は、何ら責任を負うものではありません。

11 有効期限

ユーザーと事業者間での、利用規約の有効期限について規定します。一般的に、ユーザーが登録をしてから、退会または何らかの理由により利用登録を抹消される日まで、もしくはサービスの提供が終了する日までとなります。

12 地位の譲渡等

登録ユーザーが、ユーザーとしての地位を自由に譲渡できてしまうと、ユーザー管理の面で非常に不都合です。規定がない場合でも、日本の法律では、契約上の地位の移転には契約の相手方の同意が必要なのですが、利用規約においても確認的に規定するのが一般的です。他方、サービス運営者が事業譲渡等を行う場合には、サービス運営者は契約上の地位を事業の譲受人に移転させることが出来る旨、及びユーザーがかかる契約上の地位を移転させることについてあらかじめ同意する旨を、利用規約に規定しておくことが望ましいでしょう。

13 準拠法・裁判管轄

紛争に発展した際の準拠法及び裁判管轄について規定します。原則としては、サービス運営者の本店所在地を基準とするのが一般的なので、下記のようにすればよいでしょう。

例

> 本規約の準拠法は日本法とし、本規約に起因しまたは関連する一切の紛争については、東京地方裁判所を第一審の専属的合意管轄裁判所とします。

サービス独自の規定の作り方

利用規約を一から作るのは難しそうだからと、類似サービスを参考にして作成するということは多いでしょう。しかし、あくまでもそれは類似のサービスであって、サービス独自の部分は異なるはずです。類似サービスの利用規約をそのままそっくり模倣してしまえば、この独自の部分について、効果のある規定が定められなくなってしまいます。

例えば、定義の条項に関しては、サービス独自の用語について、きちんと定義を記載しておく必要があります。また、禁止行為の事項に関しても、他者の権利侵害の禁止や犯罪行為の禁止等、一般的な事項だけではなく、サービス特有の禁止事項をできる限り網羅的かつ具体的に列挙しておくと、違反に伴う措置を取りやすくなります。

独自の規定を作る際には、そのサービスにおいてどういった場合にトラブルが発生する可能性があるのかをまずは考えます。そして、類似のサービスや類似の機能を持ったサービスの利用規約を参考に、どういった規定を盛り込めばトラブルが防げるのか、トラブルを解決しやすくなるのか、という視点から作成することになります。

したがって、何よりも大切なのは、まず、自社のサービスの抱えているリスクを正しく理解することです。そして、そのリスクを回避するために、他社の利用規約を参考にしつつ、必要となる規定を漏れなく盛り込むことで、サービスごとに適した利用規約を作成しましょう。

Q 4-3

プライバシーポリシーの作り方とは？

最近よく聞くプライバシーポリシー。私の担当しているWebサイトでも作成する必要があるのかなと思っているのだけれど、そもそもプライバシーポリシーって何なのだろう？　他のサイトにはプライバシーポリシーじゃなく、「個人情報保護方針」というのもあるみたい。何か違いがあるの？

A

プライバシーポリシーとは、企業が個人情報の利用目的や管理方法を文章にして公表したものをいいます。「個人情報保護方針」という名称であっても、基本的には同じものです。近年、個人情報の保護に関して社会的な関心が高まっており、個人情報保護法改正により、個人情報を扱わない事業者はほとんど存在しないといえる状況になりました。多くの企業や個人事業主にとって個人情報の扱いは非常に身近な問題であり、プライバシーポリシーを明記しておくことが必要です。

改正個人情報保護法とプライバシーポリシー

プライバシーポリシーは、その事業者の個人情報に関する取扱いに対する基本的な姿勢を示すものです。また同時に、**個人情報保護法**において公表が求められている事項を表示するという役割をもっています。

2017年施行の改正法以前は、個人情報保護法の適用を受けるのは5000件を超える個人情報を保有する事業者に限られていました。このため、小規模事業者やBtoBビジネスを主体とする事業者の中にはプライバシーポリシーを作成する必要がない事業者もいたのですが、改正法によって、ほぼすべての事業者に個人情報保護法が適用されることになりました。個人情報の保護に関して社会的な関心が高まるなかで、プライバシーポリシーについて理解しておくことは、ますます重要になっています。

なお、プライバシーポリシーを作成していない場合でも、個人情報を取得する都度、個人情報の利用目的などといった個人情報保護法で公表を求められている事項を、本人に通知する手段で代替することは可能です。ただしこれはとても面倒なので、通常はプライバシーポリシーを作成することになります。

プライバシーポリシー作成のポイント

プライバシーポリシーはユーザーが簡単に見ることのできるわかりやすい場所に設置しなければなりません。「個人情報の保護に関する法律についてのガイドライン（通則編）」側注1では、自社のホームページのトップページから1回程度の操作で到達できる場所に設置することが推奨されています。

側注1
個人情報の保護に関する法律についてのガイドライン（通則編）
https://www.ppc.go.jp/files/pdf/190123_guidelines01.pdf

プライバシーポリシーに記載する具体的な事項としては、次のようなものが重要になってきます。それぞれ順番に確認していきましょう。

1 個人情報の定義

個人情報の定義については、個人情報保護法第2条に定められている通り記載することで足ります。典型的には、氏名や生年月日などの情報ですが、その他にも年齢、性別、住所、電話番号、家族構成、趣味、嗜好、電子メールアドレス、ID、IP アドレス及びタイムスタンプ、勤務先、所属、勤務先住所、勤務先電話番号、クレジットカード番号、銀行口座番号、訪れたホームページの情報、苦情、ご相談又はお問い合わせの情報などが個人情報に該当することがあります。

このため、これらの項目のうち特に顧客等から取得する可能性の高い情報については、プライバシーポリシーの個人情報の定義の中にあらかじめ記載しておくとよいでしょう。

例

個人情報とは、生存する個人に関する情報であって、当該情報に含まれる氏名、生年月日その他の記述等により特定の個人を識別することができるもの（他の情報と容易に照合することができ、それにより特定の個人を識別することができることとなるものを含む。）を指します。

② 個人情報の利用目的

個人情報保護法上、取得した個人情報の利用目的を公表することが求められています（同法第18条）。利用目的の定めにおいて重要なのは、抽象的・包括的な記載では足りず、本人が自身の個人情報をどのように利用されるか把握できる程度に具体的に記載する必要があるということです。したがって、事業者によって利用目的の記載内容は変わり得る点に注意が必要です。また、記載漏れがある場合には、当該目的に個人情報を利用できなくなりますので、漏れがないかを十分に検討するようにしましょう。

例

1. 当社は、取得した個人情報を以下の目的のために利用致します。なお、当社の運営するウェブサイト内で個人情報の利用目的について別途定めている場合は当該利用目的の記述を優先します。

（1）お問い合わせフォームからのお問い合わせに当社がご回答させて頂くため
（2）当社の提供するウェブサービス又はアプリケーションその他のサービス（以下「本サービス」といいます。）の提供と本サービス又は当社の提供する新サービスのご案内を差し上げるため
（3）本サービスの改善や新サービスの開発等に役立てるため
（4）その他、前各号に付随する目的のため

2. 当社は、前項に定める目的の他、お客様から取得した個人情報を、個人を識別又は特定できない態様と範囲で統計的な情報として集計し、参考として使用することがあります。

なお、上記条項例の第2項は、「個人情報の定義」に記載された個人情報を匿名加工情報として利用する旨を定めるものです。**匿名加工情報**とは、特定の個人情報を本人特定できないように加工し、かつ復元できないようにした情報のことをいい、匿名加工情報を取り扱う場合には、匿名加工情報に含まれる個人情報の項目などをプライバシーポリシー等で公表する必要があります。

3 個人情報の第三者への開示・提供の禁止

事業者自身が持っている個人データを、外部の別の事業者などに提供する場合にも、個人情報保護法は規定を設けています（同法第23条）。本人が個人情報の使用を許していない事業者にユーザーの個人情報を勝手に利用されてしまうことを防ぐため、個人情報を第三者に提供する場合には、原則として本人の同意を要する、というものです。したがって、個人情報の第三者提供を行うためには、プライバシーポリシーにおいて、第三者へ提供する個人データの項目や第三者への提供方法といった事項を記載し、ユーザーの同意を得る必要があります。

例

当社は、お客さまよりお預かりした個人情報を適切に管理し、次のいずれかに該当する場合を除き、個人情報を第三者に開示いたしません。

- お客さまの同意がある場合
- お客さまが希望されるサービスを行なうために当社が業務を委託する業者に対して開示する場合
- 法令に基づき開示することが必要である場合

4 本人からの利用目的の通知、開示、訂正、利用停止等の求めに応じる手続

個人情報保護法においては、本人からの利用目的の通知、開示、訂正、利用停止等の求めに応じる手続を公表することも求められています（同法第27条～第30条）。したがって、プライバシーポリシーを作成する場合には、これらの事項についても定める必要があります。

例

個人情報についての利用目的の通知、開示、訂正、利用停止等のお申し出があった場合には、当社は、お申出者が本人又は正当な代理人であることを確認の上、所定の方法に基づき対応します。具体的な方法については、下記受付窓口までお問い合わせください。

＜窓口＞

●●●個人情報窓口 電話番号：**-****-****

なお、検討するべきこととして、本人からの開示等の請求に応じる場合の手数料を定めておくか否かということがあります。濫用的な請求により業務が遅滞することを防止するためには、適切な金額の手数料を定めることも一つの方法です。手数料を必要とする場合には、プライバシーポリシー内でその内容を定める必要があります。

5 個人情報の共同利用

個人情報は、複数の事業者間で共有して利用されるような場合もあります。グループ会社間で、ユーザー情報を共有するようなケースです。個人情報の共同利用ができないと、各社がそれぞれ利用目的を公表または通知し、個人情報の第三者提供の同意を得なければならなくなります。そのような形で何度も同意しないとサービスを利用できないというのは、ユーザーにとって負担になります。そのような点からも、個人情報の共同利用という方法が認められています。

例

当社は、以下の範囲内で個人情報を共同利用することがあります。

（1）共同で利用される個人情報の項目

お客様の住所、氏名、電子メールアドレス、電話番号、当社商品・サービスの利用履歴

（2）個人情報を共同利用する者の範囲

①株式会社●●グループならびにその国内子会社及び関係会社
②株式会社●●ならびにその国内子会社及び関係会社

（3）共同利用する者の利用目的

上記●●記載の目的で共同利用します。

（4）個人情報の管理について責任を有する者の名称

株式会社●●

なお、共同で利用する者の範囲については、明確にする必要があります。そういった記載をしておくことで、ユーザーは自分の個人情報がどのような範囲で利用される可能性があるのかを把握できるため、納得してサービスを利用することができます。

⑥ 苦情や相談の担当窓口

個人情報保護法では、個人データの取り扱いに関する苦情の窓口について、「本人が知り得る状態におく」ことを個人情報取扱業者に義務付けています。そのため、苦情の申出先として企業の連絡先や問い合わせフォーム等の案内を、プライバシーポリシーに記載する必要があります。

例

> 当社の個人情報の取扱に関するお問い合せは、下記までご連絡ください。
>
> 【株式会社●●】
>
> 〒 ***-****
>
> 東京都〇〇区□□1－2－3
>
> お問い合わせはこちら（フォームへ）

プライバシーポリシーはなぜ必要なのか？

個人情報保護法の改正によって、プライバシーポリシーの重要性が高まっていると冒頭で説明しました。しかしより根本的に考えるならば、事業者がプライバシーポリシーを定める目的は、個人情報を取り扱う事業者として法令を遵守するためだけではありません。それと同時に、個人情報等の取り扱い方法を明示することで、ユーザーの理解を得るというところに大きな目的があります。個人情報を扱う場合には、プライバシーに関する問題や、個人情報保護法上の問題が生じることを想定し、ユーザーに十分な説明をした上で、納得してサービスを利用してもらうということが重要なのです。

したがって、プライバシーポリシーはただ定めておけば足りるというものではなく、自社におけるデータ利用の透明性を確保し、ユーザーへの説明責任を果たすということを意識して作成する必要があります。利用規約の場合と同様に、サービスの実情にマッチした適切なプライバシーポリシーを作ることを心掛けましょう。

Q 4-4

請負契約書を渡された場合の要チェックポイントは？

請負契約という話だったけれど、渡されたのは「システム開発委託契約書」というタイトルの契約書だった。これって請負契約であってる？　それに、請負契約の契約書だと確認できた場合、どこをチェックすればいいの？

A

請負契約だからといって、必ずしも契約書のタイトルが「請負契約書」であるとは限りません。請負契約であるか否かは契約の内容から判断されるので、契約書に請負契約であることがわかる記載があるか確認しましょう。また、請負契約においては、「仕事の完成」を対価に報酬を得るため、特に確認すべき条項がいくつかあります。請負契約の契約書であるかの確認に留まらず、しっかりと内容までチェックするようにしましょう。

タイトルは「請負契約書」じゃないの？

請負契約であっても、「請負契約書」というタイトルの契約書が作成されるとは限られません。システム開発においては、「システム開発委託契約書」や「業務委託契約書」といったタイトルで作成されることは多くあります。このタイトルでは業務委託の契約書であるということしかわかりません。

実は**業務委託**は法律用語ではなく、ビジネス上の用語で、単に自社外に業務を委託することの総称をいいます。そして、業務委託という言葉で語られる関係性は、法律上の区別としては、多くの場合「請負」と「準委任」に分かれます。つまり、タイトルだけでは請負契約の契約書なのか、準委任契約の契約書なのかわからないということです。

契約書の名前ってこんなにあるの……？

請負契約書であることを確かめる方法

このような名称での契約書が、請負なのか準委任なのかを見分けるには、いくつかのポイントがあります。

請負契約では、報酬支払の対価として、仕事を完成させなければいけません。そのため当然、何らかの完成物があることになります。したがって、何らかの完成物を納品することが目的となっていたり、前提となっていたりするような契約書であれば、請負契約と判断することができます。具体的には、以下の点などが目印になります。

請負契約書であることを見分けるポイント

- 完成物を納品することが目的となっている
- 完成物の納品と引き換えに報酬が支払われることになっている
- 契約不適合責任など成果物の保証に関する条項がある
- 検収に関する条項がある

請負契約書のチェックポイント

当然ですが、渡された契約書が請負契約のものであると確認できたからといって、それでサインをしてしまってもよいというわけではありません。続いて、各条項についてきちんと確認していきましょう。主にチェックすべき点を順に挙げていきます。

① 完成させるべき仕事の内容

まずは、その請負契約が何の完成を目的としたものか、という点に関する記載です。前述のように、請負契約とは、何かの仕事の完成を目的とするものであり、完成させなければ報酬を貰うことができません。

例

1. 甲は、本契約に基づき、●●（以下「本件システム」という）の開発に関する以下の業務（以下「本件受託業務」という。）を乙に委託し、乙はこれを受託する。

①基本設計業務
②ソフトウェア作成業務

この場合、受託者（乙）は、基本設計とソフトウェアの作成を請け負い、その完成を条件に、後述するような報酬を貰うことができます。逆に言えば、たとえ工数を使って努力をしても、完成させないと報酬は原則的に発生しない、ということです。

システム開発契約を締結する時点では、個別具体的な開発の内容が定まっていないということもあるかもしれません。そういった場合には、「具体的内容については個別契約にて定める」とし、ある程度作業が進んでから業務範囲を明確にする形が取られることもあります。

② 報酬

請負代金の全額、もしくは一部の前金の支払い方法を定める条項の確認も大切です。請負契約のシステム開発委託契約では、委託料の支払いは成果物の納品後になるのが一般的です。しかしシステム開発は長期になることが多く、納品後に一括で支払うとなると受注者側の資金面（キャッシュフロー）の負担が大きくなります。そのため仕事の完成までに長期間かかるようなプロジェクトでは、受注者の負担軽減のために、段階ごとや工程ごとに報酬・支払いを定める形式をとることもあります。

ただこれはあくまでキャッシュフローの問題であり、前述のように請負契約が仕事の完成を目的とするものである以上、完成させることができないと納品前に前払いされた報酬は、返金する必要が生じるというのが原則です。

③ 成果物の納入

納品物をいつまでに納品する必要があり、納品方法として、DVDなどのメディア媒体を郵送で納品するのか電子媒体によってデータで納めるのか、など納入方法が明確になっている必要があります。また、様々な事情によって成果物の納入が期限までに間に合わなくなった場合に備えて、納入期限を延ばす手続きが認められる場合を明示しておくといいでしょう。発注者側からの追加注文などによって余計に時間がかかってしまったり、不可抗力によって納入期限を守れなくなったりという場合に、納期を延長できることが明確になっていた方が、受注側としては安心できます。

④ 再委託

請負契約においては、原則として下請けの利用は可能です（⇒Q 2-14参照）。しかし、この原則よりも契約が優先されるため、成果物の品質担保や、情報漏洩防止などの観点から、再委託を制限する契約条項を設ける場合が多いといえます。発注者の立場からすると、再委託を一切認めないほうが望ましいでしょう。しかし、システム開発会社が仕事の一部分を再委託に出すことはよくあることであり、これを全面的に禁止されてしまうと受注者としてはやりづらい面もあるかと思います。そのため、事前の承諾がある場合のみ再委託を許す形にするのが、双方にとっての落としどころとなります。あらかじめ第三者に再委託することが予定されている場合には、最初から発注者にその旨を伝え、再委託禁止条項はカットしてもらうか、再委託禁止条項に対する例外として、「ただし、甲は、乙が●●に対して本件業務の一部を再委託することにつき、予め了承する」などといった条項を入れてもらうとよいでしょう。

⑤ 検収

検収とは納められた完成物の数量や種類、品質などを点検して受け取ることです。これについて、納入された完成物が発注者側の求める水準に達しているのか、その判断基準を設けておくことで、納入品をめぐるトラブルを防止できます。つまり、どのような条件を満たせば「完成」と認められるかを契約書に明記するのです。この基準を満たしたときに報酬が発生するということになるため、請負契約においては非常に重要なポイントといえるでしょう。

例えばソフトウェア開発などにおいては、完成物を納品してから2週間以内に検査を行わせ、問題がなければ検収、というような条件を設けることもあります。

例

1. 甲は、乙より成果物の納入がなされた日から14日以内に、成果物の検査を行い、その検査結果について乙に通知するものとする。

2. 前項の期間内に甲より乙に通知がなされなかった場合には、当該成果物は検査に合格したものとみなす。

受注者としては、上記の2項のような「みなし検収条項」が入っているかどうかが重要です。この条項がなければ、発注者がいつまでたっても検収をしてくれず、報酬を支払ってもらえないということにもなりかねません（⇒Q2-5コラム参照）。

6 契約不適合責任の免責事項

契約不適合責任とは、完成物を納品した後に欠陥や不具合が発生した場合に、請負人の責任の範囲や期間を定めたものです。実際の請負契約では、検収時には問題がなかったにもかかわらず、完成物を引き渡したあとに不具合が見つかる可能性があります。

完成物が契約に適合したものでなかった場合、発注者は受注者に対して不具合を知ったときから1年以内に瑕疵の修補や損害賠償の請求を行わなければならないことが、民法第637条1項にも定められています。しかし、この規定は、契約書に行使期限の記載がない場合のルールを定めたものであり、契約書で行使期間を長くしたり短くしたりすることができます。

受注者側としては当然、契約終了後いつまでも責任を求められるのは望ましくありません。契約不適合責任が発生するのは契約で定めた期間内のみとなり、一般的には検収完了時や納品時から6か月や1年が定められますが、これが不当に長く設定されているような場合には、一度発注者と話し合った方がよいでしょう。

例

前条の検収完了後、納入物についてシステム仕様書との不一致（以下「契約不適合」という。）が発見された場合、甲は乙に対して当該契約不適合の修補を請求することができ、乙は、当該契約不適合を修補するものとする。但し、乙がかかる修補責任を負うのは、乙が契約不適合を重大な過失によって知らなかった場合であっても、前条の検収完了後6ヶ月以内に甲から契約不適合がある旨の通知がなされた場合に限るものとする。

コラム

引き抜きって違法になるの？

個々の人材の重要性が高いIT業界では、従業員の引き抜きが多くあります。引き抜きを行う会社からすれば、優秀な人材を即戦力として採用できる、入社後すぐに高いパフォーマンスを発揮してもらえる、採用にコストがかからないなどの利点がありますが、従業員を引き抜かれる側からしてはたまったものではありません。

では、法律上、この引き抜き行為は規制されるのでしょうか。結論から言ってしまえば、引き抜き行為自体は原則として違法性がないとされています。たとえ引き抜きという形であったとしても、日本国憲法で職業選択の自由（第22条第1項）が保障されている以上、どこに転職するかというのは本人の自由なのです。

ただし、だからといって、無条件に引き抜きが許されているというわけではありません。社会的にみて悪質だと判断されるような、著しく背信的な方法で引き抜きが行われた場合には、違法行為となる可能性があります。違法となる可能性がある具体的な例としては、次のようなものを挙げることができます。

違法性が認められる可能性のある引き抜き行為の例

- 誤った情報や経営上の秘密情報を提供して転職を促す
- 通常の転職ではあり得ない金額の金銭を提供して転職させる
- 企業活動に影響を与える規模の人材を引き抜く
- 退職後すぐに勧誘行為を開始して自分が立ち上げた会社へ引き抜いたなど、明確な計画性が認められる
- 引き抜きの対象となる従業員の数が大量である

こういった度の過ぎた引き抜きが行われた場合には、損害賠償請求等が発生することもあります。なお、引き抜きによって転職した元従業員ではなく、引き抜きを行った側に対して請求を行うケースがほとんどであり、基本的に引き抜きにあったエンジニア自身には経済的損失はありません。とはいえ、この手のトラブルは大なり小なり禍根を残すものであり、場合によってはその後働きにくくなってしまう可能性もあるので、引き抜きに応じる場合には、慎重な判断が必要だといえるでしょう。

Q 4-5

準委任契約書を渡された場合の要チェックポイントは？

ITシステムの開発業務において、準委任型の契約を締結することになったのだけれど、準委任契約の場合契約書のどういう点に注意すればよいか、チェックポイントはどこなのかがわからない……。

A

準委任契約においては、提供した労働時間や工数を基準に報酬が支払われます。つまり、請負契約に比べると、仕事の完成義務がないため、受注者側のリスクは小さくなる傾向があります。しかし、それでもいくつか注意が必要なポイントがあります。報酬を請求できるタイミングや再委託の可否など、準委任契約の性質が影響をもたらす条項について、しっかり押さえておきましょう。

準委任型の契約書の見方

準委任契約を締結する際、契約書に「準委任」型であることが明記されていればそれで足りるというわけではありません。契約書上に「準委任」と記載していても、当事者の合理的な意思を解釈して実質的に請負を内容とするものと認められれば、請負契約と解釈されてしまうことがあります。

そのため、まずは準委任契約の性質に即した規定が適切に置かれているかを確認する必要があります。また、準委任契約では明確な成果物の納品がない場合もあり、仕事の完了を判断するために、報酬を請求できるタイミングや条件などが明確に規定されているかという点も重要です。準委任型の契約書とはどんなものなのか、最低限どこをチェックすればいいのかを押さえ、準委任契約書の「見方」を把握しておきましょう。

準委任契約書のチェックポイント

準委任契約は、民法でも規定されている契約であることから、契約書に記載のない事項についても、民法の規定によって契約内容が解釈されます。しかし、そもそも契約書の内容として、準委任契約であることが規定されていなければなりません。

また、民法上の準委任契約は、様々な状況を幅広く想定しており、抽象的な規定が多くなっています。したがって、実態に則した契約とするためには、契約書で具体的な条項を設定する必要があるのです。それを踏まえた上で、準委任契約書のチェックポイントを見ていきましょう。

1 委託業務内容

準委任契約書に業務内容、すなわち委託業務を明記しておくことで、何をもって「委託業務を実施した」といえるのかを明確にする必要があります。この条項がいい加減に記載されていると、委託業務を実施したかどうかを巡ってトラブルになりかねません。可能な限り、客観的かつ明確な記載となっているか、チェックするようにしましょう。

なお、業務内容についての記述が長くなりすぎる場合は、別紙に業務内容を纏めて記載するという方法もあります。

例

1. 甲は乙に対し、以下に定める業務（以下「本業務」という）を委託し、乙はこれを受託する。

（1）Web サイト制作業務
（2）Web サイト制作に関係する調査、分析、企画業務
（3）Web サイトの設計
（4）プログラム開発業務（既存プログラムの改変または翻案を含む）
（5）テスト業務
（6）Web サイト制作における進行管理業務
（7）その他前各号に付帯関連する業務

2. 甲は乙に対し、委託業務の対価として、委託料金を支払う。

② 作業期間又は納期

準委任契約においては、仕事の完成が目的ではないことから、「納期」ではなく「作業期間」とする場合が多くなります。また、要件定義を行っておらず、全体工程の試算程度しかわからないような基本契約締結段階の場合には、作業期間や作業工数について具体的な内容は規定せず、フェーズごとにこれらの事項を個別契約で定めることとします（⇒Q2-3参照）。

例

> 各個別業務の作業期間、作業工数（作業量）又は納期は、当該個別業務に係る当該個別契約で定める。

③ 委託料及びその支払い方法

準委任契約では、一定の進捗状況に合わせて報酬を請求することができ、仕事が完成しなくても月額や日当、時間給の形で報酬が支払われます。契約書上で、この点についての契約条件が明文化されているかどうかの確認は不可欠です。

例

> 1. 本契約に基づく委託料は、月額●円とする。
> 2. 本件業務にかかる交通費等の経費は、原則として乙が負担するものとする。
> 3. 甲は、本条に定める委託料を、乙の発行する請求書に基づき、翌月末までに乙の指定する銀行口座への振込により支払うものとする。なお、振込にかかる手数料は、甲の負担とする。

④ 著作権の帰属

準委任型のソフトウェア開発の契約においては著作権が発生するため、著作権の帰属に関する規定が必要です。一般的な業務委託契約では、委託者が著作権を買い取るケースが多いです。また、著作権を譲渡するのではなく、ライセンス契約を結ぶという場合もあります。

> 本件業務に基づき、乙が甲のために作成した成果物の著作権（著作権法第27条及び第28条の権利を含む。以下同じ。）は、成果物の引渡と同時に甲に移転する。又、乙は著作者人格権を行使しない。

⑤ 再委託

準委任契約では、原則として再委託・再委任はできません。しかし、再委託・再委任を認めてほしい場合、その旨を特約として規定すれば、下請業者を利用することもできます（⇒Q2-14参照）。つまり、下請の利用を考えている場合は、この条項を必ず入れてもらう必要があるのです。

例

1. 乙は甲の事前の書面による承諾がある場合を除き、本件業務を第三者に再委託することはできない。

2. 甲の事前の承諾を得て第三者に再委託をする場合には、乙は当該第三者に対し、本契約における乙の義務と同様の義務を遵守させ、その行為について一切の責任を負う。

⑥ 解除

準委任契約は、いつでも双方から解除することができるのが民法の原則です（民法第651条）。しかし、一方的に契約が解除されると困ってしまうタイミングが、発注者にも受注者にも存在します。そこで、一定の事項に該当しない場合は解除できない旨を定め、契約解除権に制限をかけることがあります。どういった場合に契約を解除できるのか、できないのか、確認しておきましょう。

なお、コンサルティング契約など、当事者のどちらからでもいつでも解除できるとするのが妥当な契約の場合、この条項を置かないということもあります。

例

甲または乙は、相手方が以下の事項に該当すると認めたときは、催告はまたは催告に代わる手続きを要することなく、直ちに本契約の全部または一部を解除できるものとする。

1. 支払の停止があった場合、又は仮差押、差押、競売、破産手続開始、民事再生手続開始、会社更生手続開始、特別清算開始の申立があったとき

2. 手形交換所の取引停止処分を受けたとき

3. 公租公課の滞納処分を受けたとき

4. 背信的行為があったとき

5. その他前各号に準ずるような本契約又は個別契約を継続し難い重大な事由が発生したとき

Q 4-6

秘密保持契約書の要チェックポイントとは?

企業と新しいシステムの共同開発をするにあたって、取引それ自体に関する契約とは別に秘密保持契約の締結を求められたんだけど、これまでそんな契約をしたことがない……。秘密保持契約って、どういう契約で、なぜ必要なの?　締結する際には、どんな点に注意すればいいの?

A

秘密保持契約とは、契約当事者の間で営業秘密や個人情報など秘匿性の高い情報を提供または共有する際に、当該情報の保護を目的として締結する契約です。秘密保持契約の締結の際には、秘密保持契約の対象となる「情報」や「期間」、秘密保持の義務を負う「人物」、万が一、対象となる秘密情報が漏洩したときの「損害賠償の可否」を確認しておきましょう。

近年重要性が高まっている秘密保持契約

システム開発においては、発注者の営業上の秘密に接する機会も多いため、**秘密保持契約**を締結することが少なくありません 側注1 。他社と新製品や新しいシステムを共同開発するときや、外部に開発委託をするときなど、他社に自社の新技術や新商品の情報、個人情報等を開示しないと仕事ができないような場合、秘密情報を開示する前に秘密保持契約を結びます。

営業秘密は企業活動の生命線です。営業秘密が競業他社に漏洩するようなことがあれば企業の存続にも関わる重大事となります。また、万が一、営業秘密が漏洩した場合に不正競争防止法を適用する前提として、適切な秘密保持契約が締結されていたことが必要です。

側注 1

秘密保持契約書は、英語表記であるNon Disclosure Agreementを略してNDAと呼ばれることもあります。

また最近では、個人情報の漏洩に対する社会的な非難の高まりもあって、先ほど挙げた典型的な場面以外であっても念のため秘密保持契約の締結を求められることが増えています。

秘密保持契約書のチェックポイント

秘密保持契約書では、特に以下の点を確認することが重要になってきます。必要に応じて記述の具体例を交えながら、順番に説明していきます。

① 開示の目的

秘密情報の開示目的について具体的に規定します。秘密保持契約が締結されるのは取引それ自体に関する契約が締結される前段階であることも多いため、開示目的の記載は抽象的になりがちなのですが、可能な限り特定して記載することがポイントといえます。本条項において情報の開示目的を明示しておくことは、秘密情報の目的外使用を抑止するために重要なためです。一方で情報受領者の立場からは、比較的開示目的を緩やかに記載することが望ましいといえます。

例

> 甲及び乙は、甲から乙への業務委託契約の締結の検討又は当該業務委託契約の遂行を行うことを目的（以下「本目的」という。）として、秘密情報を開示する。

② 秘密情報の範囲

秘密情報の範囲に関する条項は最も重要です。取引において相互に開示される情報は多岐にわたります。その情報のすべてについて秘密情報としての管理が求められることになれば、情報の受領者にとって大きな負担となるでしょう。そこで、何を秘密情報とするのか、その範囲を定義する必要があります。

なお、たとえ自社で秘密情報だと考えていても、契約において秘密情報として定義していない情報については、相手方が漏洩した際に契約違反は問えません。そのため、口頭で開示された秘密情報を保護の対象に含みたいような場合には、その情報が開示されてから一定期間内に、口頭で提供された情報を書面化することを保護の要件とする旨の記載がよく用いられます。

例

1. 本契約において「秘密情報」とは、文書、電子メール、電子記憶媒体その他媒体の如何を問わず、本契約の一方当事者から他方に対して開示された技術情報、営業情報その他の情報であって、秘密情報である旨又は当該情報を秘密として保持すべき旨の指定が書面又はその他の有形の形式で明白に記された情報をいう。また、口頭により開示された情報については、開示の際に秘密である旨告知し、かつ当該開示から30日以内に秘密情報である旨及びその要旨が書面で通知された情報をいう。

2. 次に定める情報は、前項の秘密情報に含まれないものとする。

(1)開示の時点で、被開示者が既に保有している情報
(2)被開示者が秘密保持義務を負うことなく第三者から正当に入手した情報
(3)開示者から提供を受けた情報によらず、被開示者が独自に開発した情報
(4)本契約に違反することなく、かつ、受領の前後を問わず公知となった情報

③ 秘密保持義務の範囲

秘密情報の範囲に関する規定と並んで秘密保持契約の中核をなす規定です。この条項は、受領した情報を秘密として保持する義務を定めるものであり、秘密情報が記録された媒体の複製原則禁止などは、情報提供者側にとって提供する情報の秘匿性が特に高い場合に必要な規定といえます。

④ 第三者への開示の禁止

秘密情報である以上、関係のない第三者に対して開示されないことを保証してもらわないと秘密情報を渡せないことから、この規定が設けられます。

例

受領者は、開示者の事前の書面による承諾なく、秘密情報を第三者に開示又は漏洩してはならない。

ただし、秘密保持契約が前提とする取引等では、一定の者については秘密情報を知っていないと取引の遂行に支障が出る可能性があるため、最初から秘密保持契約書において「弁護士、公認会計士、税理士等に開示する」ことを許容する旨定めることもあります。自社が情報の受領者側になる場合には特に、外部の第三者に提供する可能性がどの程度あるかを考慮して、条項の妥当性や修正の必要性を判断することが重要です。

例

> 受領者は、次の各号のいずれかに該当する場合、開示者の事前の承諾なく秘密情報を開示することができるものとする。
>
> (1) 官公署若しくは法律の要請により開示する場合
> (2) 自己の役員及び従業員に開示する場合
> (3) 弁護士、公認会計士等の法律上の守秘義務を負う専門家に開示する場合
> (4) 親会社、子会社、関連会社
> (5) 再委託先
> (6) アドバイザー・コンサルタント(法律上守秘義務を負わないものを含む。)

情報受領者は、あらかじめ開示する必要のあるものをリストアップし、相手の提示した「第三者」では不足している場合には、その対象を追記しましょう。ここで追記漏れをしてしまうと、第三者を挟む際にその都度相手方から承諾を得て開示する必要がある他、勝手に開示してしまうと、契約違反になってしまうので注意が必要です。

5 目的外使用の禁止

秘密情報を受領者が目的を問わず使用できることになれば、その分秘密情報の漏洩のリスクは高まります。このため、目的外使用が禁止されるのはいわば当然のことです。目的外使用を禁止する条項が意味を持つには、前述の開示の目的に関する条項で規定したように、秘密情報の開示目的を明確に定めていることが前提となります。

例

> 受領者は、秘密情報を、本件目的のためにのみ使用するものとし、本件目的以外のいかなる目的のためにも使用してはならない。

6 権利の不移転及び保証の否認

秘密保持契約はあくまでも秘密情報の開示方法や管理方法に関して定めることを目的としたものです。情報の正確性を保証する必要がある場合には、取引それ自体に関する契約の中で規定されることが通常です。また、秘密情報には知的財産等が含まれることがあります。このとき、秘密情報として開示したからといって、必ずしも知的財産等に関しての使用許諾をするものではないのは当然です。このことを注意的に規定しておくべきです。

7 秘密情報の返還・廃棄

秘密情報が必要でなくなった場合には、秘密情報の返還または廃棄が必要となります。これは、契約期間終了後に相手方に秘密情報が残っていると、情報漏洩や不正利用のリスクがあるためです。

受領者としては、業務委託契約など後続する取引契約の遂行のために必要な情報まで返さなくてはならなくなってしまうと、支障が出ます。そこで、一定の場合には、契約終了後にも秘密情報を保持できる旨修正することで、実務上の混乱を避けるという方法が考えられます。

例

> 受領者は、開示者から指示があった場合、若しくは秘密情報が不要となった場合、または本契約が終了した場合には、直ちに、開示者の指示に従って、秘密情報に関する全ての書面及び媒体(それらの複製物も含む。)を開示者に返還し、または廃棄処分その他必要な措置を講じなければならない。ただし、取引契約の遂行のために必要な場合、受領者はその限度で必要となる秘密情報を保持することができる。

8 秘密保持期間

秘密保持義務の中で「有効期間」と定められていても、契約終了後も一部の契約条項の効果を持続させることができる旨の「残存条項」が記載され、契約条項の有効期間が延長されているケースも少なくありません。情報受領者側は、契約期間が終了後も秘密情報の管理が必要になるため、そういった記載があるかどうかの確認は必要です。

また、長期間に渡って秘密情報の管理を強いられるというのは、負担が大きいものです。そのため、あまりにも有効期間が長いと感じた場合には、できる限り有効期間を短くしてもらう、存続条項を置くとしてもできるだけ負担は軽くしてもらうなどの交渉をすべきです。とはいっても、この期間は情報の性質により適した期間が異なるため、開示する側にとってどの程度重要な情報か、どの程度の期間でこの情報が陳腐化するかなどを考えて、妥当な期間に限定することをおすすめします。

例

> 甲および乙は、本件目的終了後も●年間は本契約に定める義務を負うものとする。

⑨ 損害賠償・差し止め

秘密情報が漏洩したときには相手方に対して賠償請求できる旨の文章を記載するケースが多いです。また、あわせて秘密情報の使用の差し止めについても記載される場合があります。実際に秘密情報を漏洩させてしまったときに、何を求められることになるのか、しっかり確認しておきましょう。

例

> 受領者は、自己の責に帰すべき事由により本契約に違反して開示者に損害が生じたときは、開示者に対し、現実に生じた通常かつ直接の損害（少なくとも逸失利益及び、特別の事情により生じた損害を除く。）に限り、賠償しなければならない。

さらに、万が一漏洩事故が起きてしまった場合に、賠償額が青天井になることを防止するために、賠償範囲に含まれる損害をできる限り絞るようにしましょう。

また、「過失の有無を問わない」旨の記載は、情報が一度漏洩してしまうと回復不可能な性質をもつため、受領者の過失の有無を問わず、慎重な取扱いを促す趣旨も含んでいます。しかし、受領者からしてみれば、しっかりと秘密情報を管理していたにもかかわらず、不可抗力で情報漏洩が起きてしまった場合などにまで賠償義務を負うというのは酷な話です。そのため、そういった事態を避けるために「自己の責に帰すべき事由により＝自身の過失により」情報漏洩等が生じた場合に限り責任を負う内容とするのが望ましいといえるでしょう。

秘密保持契約は双方の協議が不可欠

秘密保持契約は、企業間取引においてはよく目にする契約です。定型的な契約であるため、あまり内容を確認せずに締結してしまうと思わぬ義務を負う可能性もあります。十分に秘密保持契約書の内容を検討することが大切です。

特に情報を開示する側はリスクを負うわけですから、当事者間で「なぜその秘密情報を開示する必要があるのか」という共通認識を作り上げ、「情報開示の目的は何なのか」を明確にしましょう。秘密保持契約書は、どちらかが一方的に作成するのではなく、双方で協議しながら作成していくという姿勢が重要なのです。

Q 4-7

共同事業契約書の要チェックポイントとは？

企業と共同で新規事業を進め、新たなシステムの自社開発を手がけることになった。今後売上が伸びて、株式の分配や利益分配などを求めたときにトラブルになったりしないためには、どうすればよいのだろう？

A

売り上げが伸びたのに企業側から十分な分配等を受けることができないというような、困った状況に陥る人が多いのですが、それを「予防」するためには、必要な事項を最適なバランスで設計した「共同事業契約書」を前もって締結しておく必要があります。

共同事業契約書とは何か？

共同事業契約は、民法上の用語ではありませんが、実際に企業とエンジニアの間などで締結されるケースが多い契約類型です。準委任や請負は、「企業がエンジニアに対して何かを依頼し、対価を支払う」という関係性ですが、共同事業は、両者がある程度対等な立場で事業に参加し、その収益などを分配する、という関係性です。

エンジニアから見るとこの共同事業契約は、事業によって利益が生じた場合には、単なる「労働の対価」を超えた収益の分配を受けられるという意味で魅力的です。しかし「対等な立場」に近い分、自分が収益を受ける権利をきちんと固めておかないと、後で期待していただけの収益分配を受けることができなくなってしまうリスクもあります。

さらに共同で事業を行うとなると、それぞれの技術情報や営業秘密を開示・交換することになり、秘密情報の漏洩の危険が生じます。また、開発における役割分担や費用負担、成果についての知的財産権の帰属と取り扱いなど多くの取り決めが必要であり、行き違いや誤解がトラブルの原因となりかねません。

共同事業契約書がないとどうなるか？

この共同事業契約を法的に分析してみます。すでに解説したように、準委任契約や請負契約には、民法の定めるデフォルトのアルゴリズムがあります（⇒Q4-1参照）。どういうことかというと、例えば、仮に契約書がなくても、受託者であるエンジニアは、民法の定めるデフォルトのアルゴリズムに基づき、一定の条件（例えば請負契約であれば仕事を完成させること）が満たされれば報酬を請求する権利を得る、ということです。

対して共同事業契約の場合、民法が定めるデフォルトのアルゴリズムというものが必ずしも存在しません。存在しないということは、契約書がないと何も権利がない、ということにもなりかねないのです。そのため共同事業契約では、書面による契約、つまり**共同事業契約書**が特に重要となり、一つ一つの項目について慎重な判断と交渉が必要となります。

これを理解するためには、共同事業契約書がないために問題が表面化した場合を考えてみるのがよいでしょう。そういうときに個人エンジニアが会社に対して主張できる最大の「権利」は著作権です。プログラムのソースコードは、著作権の対象となる「著作物」であり、ソースコードの著作権の帰属は、次のような規則に従います。

ソースコードの著作権の帰属ルール

1. 原則的には、そのコードを書いた者に帰属する
2. コードを書いた者が、企業に雇われているなど、一定の条件を満たす場合には職務著作（⇒Q1-12参照）となり、会社側に帰属する
3. 契約上で著作権帰属について定めがある場合にはその定めに従う

これを今回のケースに当てはめてみると次のようになります。

共同事業契約書がないケースに当てはめた場合

1. 原則的には、コードを書いた個人エンジニアに帰属する
2. 個人エンジニアは企業側の従業員ではなく、職務著作は成立しない
3. 契約上の帰属の定めに従うが、「契約書」は存在しない

これだけを見ると、著作権は個人エンジニア側に帰属しそうです。しかし裁判になった場合、裁判所は必ずしもそのような判断を行いません。契約書等の書面がない場合、委託側への著作権の移転があったか否かは、様々な事情を根拠として委託者・受託者の合理的な意思を探る、という形で判断されます。

例えば、「ソースコードを書いたことに対する対価がどのような形で支払われているか」という点が考慮される事情の一つに挙げられますが、これについては、おおむね下記のように取り扱われています。

対価の支払い方法とソースコードの権利移転

- 月額費用といった形で支払いが行われている
→保守なども含めたトータルサービスの対価であり、また、特に受託側が個人の場合は給料類似の金員と評価されやすく、委託側への著作権移転を肯定する方向
- バージョンアップなどの際に都度都度見積りの取得が行われている
→単純にそのバージョンを作ることの対価と評価しやすく、委託側への著作権移転を否定する方向

共同事業のような形で個人エンジニアが会社から受託を行う場合、その報酬は月額費用といった形で支払われることが多く、会社への著作権移転が肯定されやすくなります。また少なくとも、書面等が存在しない場合、個人エンジニア側として「著作権は明らかに自分の方にある」と主張することは困難です。

こうした状況になってしまう根本的な理由は、共同事業にあたって事前に契約書を作っていないことにあるのです。

共同事業契約書のチェックポイント

それでは、個人エンジニアにとってあるべき共同事業契約書の内容について解説します。

① 著作権に関する定め

共同事業契約書では、著作権についての定めを置くべきです。個人エンジニア側から見れば、「個人として、会社との間で、共同事業のような形でシステム開発を行う」上での最大のリスクは、そのプロジェクトが収益化された後に「切られる」ということです。つまり、例えば「売上金の20%が個人エンジニアに支払われる」という契約を締結したとしても、その契約自体を終了されてしまえば、結局収益を得ることができなくなってしまいます。契約を終了させないためには、「権利」を自身の側で持っておくことが重要であり、その「権利」の中で最も重要なものが著作権です。著作権について次のような定めを置いておけば、「切られる」ことを防ぐことができます。

例

- 著作権は個人エンジニアに帰属する
- 著作権は会社と個人エンジニアの共有とする
- 著作権は会社に帰属するが、会社は個人エンジニアの許諾なくこれを行使・譲渡等することは出来ない

② 対価に関する定め

対価の定めも、当然に必要です。こうしたケースに限った話ではありませんが、「共同で事業を行う」という場合、利益ベースでは無く、売上ベースでの分配を受ける方が有利です。例えば次のような2つの規定では、なるべく後者とすべきです。

例

△会社は、個人エンジニアに対し、当該システムにかかる事業の利益の●%を支払う

○会社は、個人エンジニアに対し、当該システムにかかる事業の売上の●%を支払う

個人エンジニアは、会社に発生した売上、各経費の金額、その経費が本当に「その事業のため」のものなのかという点を正確に把握することができません。

売上金を得るのも、経費を支払うのも、その経費で得たもの（例えば人員）を管理監督するのも、結局のところ会社だからです。

ただそのなかで比較するならば、個人エンジニアにとって最も把握しやすいのは売上金です。把握しやすいものから、単純に算出可能な金員の支払いを受ける形にしておく方が有利であるといえます。

③ 株式の譲渡に関する定め

さらに、株式の譲渡を求める手もありますが、「共同事業を手がける外部委託の個人エンジニア」が、例えば数十％といった多くの株式を求めることは、実際問題として困難です。そうした立場の外部者が少なからざる株式を持っていると、VC（ベンチャーキャピタル）側注1からの投資やIPO（Initial Public Offering）側注2などが実際問題として非常に困難になってしまうからです。例えば5％など、現実的な範囲で交渉を行うべきでしょう。

側注1
将来成長が見込める未上場の新興企業（ベンチャー企業やスタートアップ企業）に投資を行う投資会社を指します。

側注2
未上場企業が、新規に株式を証券取引所に上場し、市場に株式を公開することをいいます。

「事業」に対する意識を共有する必要性

ただそうは言っても、「前もって契約書をきちんと作って締結しておくのは難しいし、それを弁護士に依頼するとなると費用がもったいない」と感じる人も多いのではないでしょうか。

これは「事業」というものに関する意識の、会社側と個人側の「ズレ」に起因するものであるケースが多いといえます。どういうことかというと、そもそもこうした共同事業に関する紛争は多くの場合、以下のような時系列で発生します。

共同事業に関する紛争が起きる流れの一例

1. 会社と個人エンジニアが、新規事業を立ち上げるため、個人エンジニアにシステム開発を委託する。その際に、個人エンジニアの生活などのため、例えば「月額30万円」といった形で報酬が支払われることが合意される
2. 当該事業が収益化されるなどして、上記の報酬も多少増額される
3. 当該事業がさらに成長し、会社側には数千万円といった売上が発生する
4. その段階になると、個人エンジニア側が得る、例えば「月額50万円」といった金額は、会社が得ている利益に比べて僅少となるし、また、そのシステムを別の会社が受託する場合の金額と比べても割安となる
5. 個人エンジニアと会社の関係が悪化する

個人エンジニア側から見れば、1の段階で月額費用を貰わなければ、生活などに支障が生じます。そして4の段階では、確かに「月額50万円」という金額は、「会社側が得ている利益」そして「そのシステムを別の会社が作ったとした場合の金額」に比べて僅少でしょう。ただ、この比較を単純に行うのは、以下の理由から経済的にも不当だといえます。

会社が得ている利益とエンジニアの報酬にギャップがある理由

1. 会社側は、1の段階で、売上が立つかわからない事業のために、個人エンジニアへの報酬、営業マンの給与などを支払い、先行投資を行っている
2. 別の会社がシステムを作ったとしたら著作権譲渡の定めなどが行われているはずで、そもそも「売上ベースでの利益分配」といった話にならない

つまり「儲かるかどうかわからない段階で、それでも作業の対価をノーリスクで得たのであれば、結果として儲かったときに利益分配を求める資格はない」ということです。裁判所の判断も、結果的には、こうした価値判断と結論が同一となるケースが多いものと思われます。

こうした意識のズレは、事前に儲かった場合、儲からなかった場合の双方について議論を重ね、それらを想定した契約書を作成することで、緩和できるケースが多いはずです。厳しい言い方にはなりますが、そもそも、そうした議論や契約書作成の手間、コストを払わなければ、「事業」に参加することはできない、ということです。

Q 4-8

雇用契約書を渡された場合の要チェックポイントは？

雇用契約書を渡されたのだけれど、どこをどう見ればいいのかわからない。内容が多すぎるし、専門用語ばかりだし……。内容をよく確認せずに署名捺印してしまうと、あとで困るかもしれないとよく言われるけど、チェックポイントがわからない。

A

雇用契約書は、内容をよく確認せずに署名捺印してしまうという人が意外に多いのですが、その結果実際に働き始めた後に、思っていた内容と違った、聞いていた内容と違ったなどの不満が生まれ、トラブルになってしまうこともあります。トラブルを避けるためにも、自分がどういった労働条件で働くことになっているのか、サインをする前に内容をしっかり吟味する必要があります。

雇用契約書とは？

雇用契約書とは、使用者（雇う側）と労働者（雇われる側）の当事者間で、労働条件等を明らかにするために締結される契約書のことをいいます。労働契約書などの名称で呼ばれることもあります。

雇用契約書の中身をきちんと確認していなかったとしても、一度サインをしてしまえば、その内容で契約が締結されてしまいます。エンジニアと会社の間で十分に意思の疎通がなされないまま結ばれた雇用契約は、後々の争いの種にもなりかねません。

また労働条件というのは、私たちの生活に大きく関わる重要なものです。「こんなはずじゃなかった……」と後悔することがないよう、雇用契約書を渡された際には内容を詳しく確認するようにしましょう。

側注1

以下の事項以外の事項についても、労使間で合意がなされれば、雇用契約書に記載されます。

雇用契約書のチェックポイント

雇用契約書の内容については、主に次のような内容が規定されることになります 側注1 。特に重要なポイントに絞って解説していきます。

① 雇用期間

まず、雇用期間をしっかり確認するようにしましょう。企業の都合との関係で、1日でも早く働いて欲しいと要望されることもあれば、1か月先から働いて欲しいと言われることもあると思います。まずは、求人や面接などで提示されていた期間と異なっていないか確認しましょう。「6か月間という話だったのに実は2か月ごとの更新だった」というような場合もあります。また、正社員の場合には雇用期間の定めがないこと、契約社員（有期雇用契約）の場合には、契約終了年月日や契約更新の有無も確認が必要です。

例

1. 乙の雇用期間は、令和●年●月●日から令和●年●月●日とする。その他、退職に関する事項は臨時・パートタイム従業員等用の就業規則の定めるところによる。
2. 乙の就業開始日は、令和●年●月●日とする。

② 就業場所

支店が多くある企業であれば、面接は本社のある東京で行い、実際の就業場所は他県となる場合もあります。実際に就業する場所がどこかを確認しておく必要があります。また、転勤や出向により勤務場所の変更の可能性があるかについても確認することが重要です。

③ 業務内容

時折、求人や面接時と異なる業務内容で雇用契約書を交わしてしまうようなケースがあります。例えば、プログラマーとしての採用であったはずなのに、雇用契約書を見る限りシステムエンジニア（SE）としての仕事も含まれている、というようなことがあるかもしれません。さらに、SEとして雇うと給与設定が高くなるため、あくまでプログラマーとして雇ってSEの業務もやらせてしまおう、なんて悪質な会社がないとは限りません。

もちろん、その業務内容で納得しているのなら、サインしてしまっても構わないでしょう。しかし、一度雇用契約を締結してしまえば、記載された業務内容をこなさなくてはいけなくなるため、納得いかない場合には交渉や辞退を考えるべきです。

例

各プロジェクトの開発業務及びこれに付帯する一切の業務

4 時間外労働・休日労働

ワークライフバランスに大きく関わる事項として、残業時間があります。残業の有無については、具体的にどれくらいの残業時間が想定されているのかを、雇用契約書で確認しておくことが重要です。

また、みなし残業が規定されている場合もあります。例えば、「月30時間の残業を含む。」などの記載です。ひょっとすると、基本給だと思っていた提示額にみなし残業代が含まれていて、自分が思っていたよりも給与が低いということもあるかもしれません。特にIT企業ではみなし残業代を採用することが増えており、残業代についてはしっかりと確認することが必要です。

5 休日・休業

休日に関する事項も、ワークライフバランスとの関係で非常に重要な事項ですので、しっかり確認することが重要です。まず、休みが何日間あるかを確認する必要があります。また、休みの日数に加えて、何曜日に休みがあるかを確認する必要もあります。例えば、平日休みの場合には、飲食店やテーマパークなどが比較的空いているという利点がありますが、その反面、家族や友人などが土日休みであり、休みが合わない可能性があるというデメリットがあります。そのため、休日の日数及び曜日をよく確認するようにしましょう。

6 賃金

支払われる金銭の代表的なものとして、賃金があります。時給制の場合には内容がわかりやすいのですが、月給制や年俸制の場合には、必ずしも内容がわかりやすいものではありません。そのため、賃金の内訳をしっかり確認する必要があります。また、賞与の有無や退職金の有無は、支払われる金銭の額に大きな影響を及ぼすので、確認する必要があります。

賞与については、賞与の支給があるかないかということに加え、支給される場合には、いかなる金額を基準に、何か月支給されるかを確認するようにしましょう。また、交通費や社会保険の関係もしっかり確認をしておくことが重要です。

派遣の場合には、時給が高くても交通費が出ないこともあるので注意が必要です。さらに福利厚生の内容なども確認しておくべきです。

例

基本賃金：月給（35万円）〔月10時間分の残業代含む〕

諸手当：交通費（1000円／月）

所定時間外、休日又は深夜労働に対して支払われる割増賃金率：

イ　時間外労働　法定超 25%、所定超 25%

ロ　休日労働　法定休日 35%、法定外休日 25%

ハ　深夜労働 25%

賃金締切日：毎月末日

賃金支払日：翌月25日

給与改定月：6月、12月

賞与支給月：6月、12月〔会社の業績などにより不支給の場合あり〕

退職金：有

※「法定」とは労働基準法で定められた条件（⇒Q3-1参照）、「所定」とは労働基準法の範囲内で会社が設定する条件のことです。

7 競業禁止

在職中に同業他社で働くことだけでなく、退職後も同業他社への転職を制限する記載がある場合があります（⇒Q3-5参照）。特に、IT業界の場合はスキルやノウハウを活かした転職をするケースは多いため、将来的に同業種の起業や競合他社への転職をする可能性を考えておくことが重要になってきます。どういった場合になら競業避止義務違反とならないのか、把握しておきましょう。

例

乙は、在職中はもとより、退職後２年間は、甲の許可を得ることなく、甲と競業する事業を営み、または競合する会社に雇われてはならない。

索引

著 者 紹 介

河瀬《かわせ》 季《とき》

弁護士法人《べんごしほうじん》
モノリス法律事務所《ほうりつじむしょ》

10代よりITエンジニア等として事業を営んだ後、東京大学法科大学院に進学し司法試験合格。ITに専門性を有する弁護士法人モノリス法律事務所（東京・大手町）の代表弁護士として、IT企業を中心に約100社の顧問弁護士（監査役、執行役員等）を務める。システム開発をはじめとする、IT企業の日常的業務の中で生じる法律問題や、著作権・特許といった知的財産権分野、ベンチャー企業において特徴的に発生する法律問題などが主な業務分野である。著書に、『MENSA弁護士に挑戦！ もっと頭がよくなる 大人の「超難問パズル」』（ロングセラーズ）、『デジタル・タトゥー――インターネット誹謗中傷・風評被害事件ファイル』（自由国民社）、『相手の「絶対に譲れない！」を「OK!」に変える説得の極意』（大和書房）など。

IT《アイティー》エンジニアの やさしい法律《ほうりつ》Q&A《キューアンドエー》

著作権《ちょさくけん》・開発契約《かいはつけいやく》・労働関係《ろうどうかんけい》・契約書《けいやくしょ》で揉《も》めないための勘《かん》どころ

2020年11月21日　初版　第1刷発行

著　者　河瀬《かわせ》 季《とき》
発行者　片岡 巌
発行所　株式会社技術評論社
東京都新宿区市谷左内町21-13
電話　03-3513-6150　販売促進部
03-3513-6166　書籍編集部
印刷／製本　日経印刷株式会社

ISBN978-4-297-11682-8 C3055
Printed in Japan

― お問い合わせに関しまして

本書に関するご質問については、本書に記載されている内容に関するもののみとさせていただきます。本書の内容を超えるものや、本書の内容と関係のないご質問につきましては、一切お答えできませんので、あらかじめご了承ください。また、電話でのご質問は受け付けておりませんので、ウェブの質問フォームにてお送りください。FAXまたは書面でも受け付けております。
ご質問の際に記載いただいた個人情報は、質問の返答以外の目的には使用いたしません。また、質問の返答後は速やかに削除させていただきます。

― 質問フォームのURL

https://gihyo.jp/book/2020/978-4-297-11682-8
※本書内容の訂正・補足についても上記URLにて行います。
あわせてご活用ください。

― FAXまたは書面の宛先

〒162-0846　東京都新宿区市谷左内町21-13
株式会社技術評論社　書籍編集部
「ITエンジニアのやさしい法律Q&A」係
FAX：03-3513-6183

デザイン／原 真一朗
カバーイラスト・本文イラスト／タラジロウ
編集／藤本広大